CONFÉRENCES
SUR LA CHIMIE AGRICOLE

ET SUR LA NATURE ET LES PROPRIÉTÉS

DU

GUANO PÉRUVIEN

PAR

J. C. NESBIT, F. G. S., F. C. S., ETC., ETC.,

Directeur du Collège d'agriculture et de Chimie de Kennington, Membre
correspondant de la Société centrale d'agriculture de France, auteur
d'un travail sur les constituants minéraux du houblon, etc.

Traduit de l'anglais

Par M. Lombard,

Agent-voyer en chef de l'Ain, Membre de la Société d'Émulation de l'Ain,

BOURG-EN-BRESSE,
IMPRIMERIE DE MILLIET-BOTTIER.

1859.

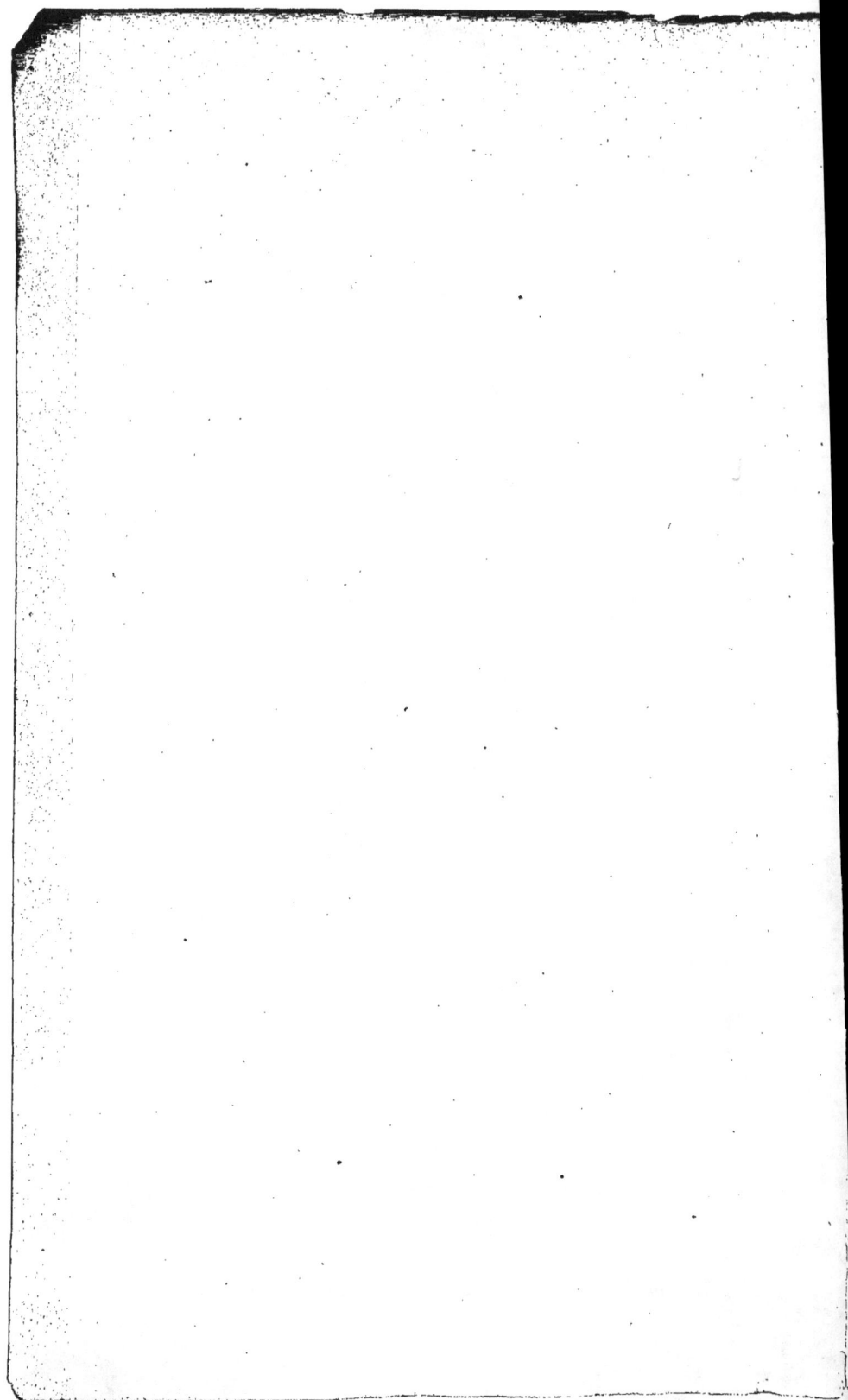

CONFÉRENCES

SUR

LA CHIMIE AGRICOLE

ET SUR

LA NATURE ET LES PROPRIÉTÉS

DU GUANO PÉRUVIEN.

(c.)

CONFÉRENCES
SUR LA CHIMIE AGRICOLE
ET SUR LA NATURE ET LES PROPRIÉTÉS
DU
GUANO PÉRUVIEN

PAR

J. C. NESBIT, F. G. S., F. C. S., ETC., ETC.,

Directeur du Collége d'agriculture et de Chimie de Kennington, Membre
correspondant de la Société centrale d'agriculture de France, auteur
d'un *Essai sur les constituants minéraux du houblon*, etc.

Traduit de l'anglais
Par M. Lombard,
Agent-voyer en chef de l'Ain, Membre de la Société d'Emulation de l'Ain,

BOURG,
IMPRIMERIE DE MILLIET-BOTTIER.

1859.

Préface du Traducteur.

Nous offrons au public la traduction des *Conférences sur la Chimie agricole* de M. Nesbit.

Ce livre n'est pas un recueil de procédés de laboratoire et de formules scientifiques : c'est l'exposé clair et simple des principes de la chimie et leur application à la culture du sol et à l'alimentation du bétail.

Bien que M. Nesbit dirige à Londres un collége florissant de chimie et de géologie appliquées à l'agriculture, il ne restreint pas son enseignement aux limites de son école : il va encore dans les divers comtés de l'Angleterre porter la parole agricole et mettre à la portée des fermiers les principes et les lumières de la science. Il simplifie les données acquises par les travaux des chimistes, les dépouille de formules, et à l'aide de ces données, il éclaire la marche des cultivateurs et leur apprend à se rendre compte de leurs opérations. La préparation des engrais de ferme, leur emploi, le commerce et la falsification des engrais artificiels, l'emploi et l'abus de la chaux, l'alimentation du bétail : voilà son cadre ; et sur chacun de ces sujets il invoque les principes de la science et soumet à l'épreuve de leur contrôle les méthodes généralement suivies.

Comme on le voit, si M. Nesbit est un savant, il est aussi un vulgarisateur, et se préoccupe surtout du côté utile de la science, de son application.

Les services qu'il a rendus à la cause de l'agriculture sont nombreux et dignement appréciés. En novembre 1857, le *Club des fermiers* de Londres proclamait hautement ses services, et lui offrait un splendide témoignage de l'estime qu'ils lui ont valu.

C'est la clarté de ce livre, non moins que son but utile, qui nous a inspiré le désir de le faire connaître en France.

Nous savons bien que le nombre de nos cultivateurs qui ont le temps et les moyens de lire est infiniment restreint, et que notre traduction ne saurait avoir le succès qu'a obtenu en Angleterre le livre original. Parler d'azote et d'ammoniaque aux cultivateurs français nous paraît comme à tout le monde un projet téméraire. Mais nous savons aussi que le nombre des propriétaires éclairés et s'occupant sinon de la direction, du moins de la surveillance de leurs intérêts ruraux, devient de jour en jour plus considérable : c'est surtout à cette classe de lecteurs que nous nous adressons.

Nous serions heureux, en faisant connaître en France cet excellent livre, de contribuer à la vulgarisation des principes qui devraient servir de guide à nos cultivateurs.

Préface de l'Auteur.

Les Conférences qui suivent ont été faites dans plusieurs clubs de cultivateurs, et dans diverses réunions agricoles pendant ces dernières années. Leur but est de vulgariser la science de la chimie agricole, en la débarrassant autant que possible des termes et des formules techniques. Invité maintes fois à publier quelques-unes de ces Conférences, j'ai choisi les quatre suivantes qui, je l'espère, offriront sous une forme condensée les principes les plus importants de la chimie agricole.

Le chapitre relatif au guano du Pérou, imprimé pour la première fois en 1851, a été favorablement accueilli. Après l'avoir revu avec soin, je le présente de nouveau au jugement du public.

La méthode d'évaluation de la valeur des engrais est celle que je suis depuis plusieurs années, et j'espère que la facilité, la sûreté et la simplicité qu'elle présente la rendront extrêmement utile aux cultivateurs.

CHAPITRE Ier.

—

DE LA CHIMIE AGRICOLE EN GÉNÉRAL, DE LA NATURE ET DE L'APPLICATION DES ENGRAIS.

———

Messieurs,

En paraissant devant vous dans le but de vous présenter quelques observations sur la nature des engrais, je ne prétends pas vous enseigner les procédés ordinaires de la culture. Je viens seulement éclairer votre pratique par des remarques et des exemples. De même que nous jouissons tous de la faculté de grouper et de réunir dans une idée générale les faits épars qui nous sont familiers, de même je crois qu'il est possible ce soir de mettre sous vos yeux des notions qui vous permettront de tirer des faits que vous connaissez, des lois générales, à l'aide desquelles vous pourrez, souvent avec avantage, modifier vos opérations de culture.

Je vais m'efforcer de vous démontrer en quoi consistent les engrais, quelles sont leurs sources réelles, et comment on peut facilement les obtenir. Je donnerai tout d'abord les considérations générales que comporte mon sujet, puis j'entrerai progressivement dans les détails qui vous intéressent plus directement.

Si donc, à l'origine, vous paraissez étrangers au sujet, vous ne tarderez pas d'apercevoir le lien qui vous y rattache.

Les plantes, Messieurs, seront ce soir, l'objet principal de

1

nos recherches. La composition et les besoins d'une plante doivent d'abord être constatés avant de rechercher la fumure qui lui est la plus propre.

Si l'on examine la structure des plantes terrestres, on voit qu'elles sont pourvues de racines qui ne servent pas seulement à les fixer au sol, mais encore à soutirer, au moyen de vaisseaux très-petits, les éléments dissous par l'eau et contenus dans le sol pour les porter dans la plante d'abord, puis vers les feuilles.

Les feuilles s'épanouissent dans l'air, et quand la sève, venue des racines, pénètre par la tige jusqu'à elles, elles ont la puissance pendant certaines saisons d'agir sur cette sève et d'élaborer les matériaux propres au développement de la plante. En d'autres termes, car je désire être très-explicite sur ce point, les racines s'enfoncent dans le sol et absorbent certaines matières qu'il contient; les feuilles à leur tour s'étalent dans l'air, absorbent certains éléments dont il abonde, et sous l'influence de la chaleur et de la lumière, surtout au printemps et en été, elles ont la faculté d'unir ces éléments divers et de les transformer en matériaux qui constituent la substance des plantes.

On voit donc que les racines des plantes terrestres accomplissent d'autres fonctions que celle de les fixer au sol. Les racines des plantes marines, au contraire, servent simplement à les fixer aux rochers qui les supportent; les feuilles de ces dernières plantes accomplissent à elles seules les fonctions des racines et des feuilles des plantes terrestres, parce qu'elles sont constamment en contact avec l'eau de mer et qu'elles absorbent les matières salines qu'elle contient, absolument comme les racines des plantes terrestres absorbent les éléments du sol. Elles agissent également sur les éléments organiques par suite de l'action que la lumière du soleil exerce sur elles.

Les substances empruntées au sol par les racines sont de nature essentiellement différente de celles que les feuilles puisent dans l'air. Si vous brûlez un végétal quelconque, du blé, de la paille, du foin ou tout autre plante de ce genre, vous rendez à l'air, par le fait de la combustion, tout ce que cette plante y avait originairement puisé, et il vous reste, sous forme de cendres, toutes les matières que par l'intermédiaire de ses racines elle avait tirées du sol. En sorte que les matières composant les plantes peuvent être divisées en deux catégories distinctes. Celles dérivées de l'air et que l'on appelle éléments atmosphériques ou organiques, et celles fournies par le sol et que l'on nomme éléments minéraux ou terreux. Les termes *organique* et *minéral* peuvent se caractériser de la manière suivante : si l'on brûle une plante, les cendres représentent les matières minérales provenant originairement du sol, tandis que les parties consumées sont les matières organiques originairement fournies par l'air.

Il résulte de ce que je viens de dire que tous les principes fertilisants qu'une plante à l'état naturel peut absorber, proviennent du sol et de l'air. Si nous regardons autour de nous, nous voyons que la nature est partout apte à fournir aux plantes spontanées les aliments qui leur sont nécessaires. Les rochers, par exemple, qui ne contiennent assurément aucune parcelle des éléments fournis par l'air, qui ne contiennent que des éléments minéraux, se couvrent cependant de végétaux divers, dès qu'ils ont été exposés pendant quelque temps à l'air. Comment agit donc la nature sur un rocher mis à nu par un hasard quelconque ? Elle fait croître à sa surface quelques lichens (sorte de champignons). Ces plantes ont la puissance, à l'aide des seuls agents minéraux qui existent dans le roc, de s'assimiler les éléments contenus dans l'air. A quelques générations de ces lichens, succède la mousse qui croît sur une

espèce de terreau produit par leur décomposition. Viennent
ensuite des herbes de différentes espèces, auxquelles d'autres
espèces succèdent, jusqu'à ce qu'enfin le roc, complètement
nu à l'origine, se soit couvert d'une couche de terre végétale
dans laquelle croissent des arbres qui y sont semés naturellement. Prenez, par exemple, les laves lancées par le Vésuve,
l'Etna ou tout autre volcan ; ces laves, rejetées à l'état incan-
descent, ne contiennent à coup sûr aucune matière végétale.
Cependant, il y a peu de temps qu'elles sont refroidies, que
déjà le figuier sauvage et d'autres plantes envoient leurs
racines dans les crevasses occasionnées par le refroidissement,
s'y développent et produisent en abondance du bois qui, indubitablement, n'a pu se développer qu'aux dépens des éléments
de l'air, puisque le sol était incapable de lui fournir le
moindre aliment.

Prenons un autre exemple. On trouve fréquemment en
Ecosse des lieux déserts, où les pins et d'autres arbres se sont
développés en abondance sur un sol qui, à l'origine, ne contenait que peu ou point de matières végétales. Ces arbres sont le
produit d'une longue succession d'années. On les exploite tous
les trente ou quarante ans ; et chaque coupe fournit des
centaines de voitures de bois de charpente par hectare. Cependant le sol est aujourd'hui plus riche en matériaux organiques
qu'avant le développement de ces arbres. Il est clair, dès lors,
que l'air contient des éléments que les végétaux ont la puissance
de s'assimiler. Ce sont ces éléments qui mettent la nature à
même de couvrir les rochers de végétaux de différentes espèces,
de façon à présenter même avant l'arrivée de l'homme sur la
terre un aspect de végétation luxuriante, partout où se sont
rencontrés l'eau et les autres conditions nécessaires au développement des plantes.

S'il est vrai, Messieurs, que les plantes tirent de l'air une large partie de leurs aliments, vous verrez que l'examen des éléments provenant de l'air et de ceux provenant du sol est excessivement important pour toutes les personnes qui s'occupent d'agriculture.

Examinons tout d'abord les premiers, qui, nous l'avons dit, se nomment éléments organiques, et qui sont, nous le savons, dégagés par la combustion d'une plante. Ces éléments sont au nombre de quatre :

1° Le carbone ou charbon ; c'est là l'élément le plus important de tous ceux qui peuvent être fournis par l'air. Lorsque vous brûlez du charbon à l'air libre, un des éléments de l'air, nommé oxigène, se mêle à lui et forme ce qu'on appelle le gaz acide carbonique. Ce gaz se dégage de toute matière en fermentation, de la combustion de tout corps contenant du charbon, et généralement parlant de toute matière végétale ou animale en voie de décomposition ; en se dégageant, il se mêle à la masse d'air atmosphérique, qui, sur dix mille parties, contient deux parties de ce gaz.

2° L'hydrogène, que l'on trouve fréquemment combiné avec le charbon ; il abonde aussi dans l'eau : neuf mille kilogrammes d'eau en contiennent mille de cette substance. Les plantes ont la faculté, quand elles sont en contact avec l'eau, d'absorber l'hydrogène et de dégager l'oxigène que cette eau contient également.

3° L'azote, qui est la base de toutes les parties musculaires des animaux. On le trouve en grande abondance dans les graines servant à nourrir les animaux, qui tous ont besoin de s'assimiler une grande quantité de cette substance. L'azote est emprunté par les plantes à diverses combinaisons contenues dans l'air.

4° Enfin l'oxigène. L'oxigène est l'élément vital de l'atmos-

phère ; l'eau en contient en poids huit parties sur neuf ; il est
abondamment fourni aux plantes soit par l'eau soit par l'air.

Je n'ai mentionné ici, Messieurs, que ceux de ces corps
qu'il est indispensable de connaître ; je m'abstiendrai de parler
des nombreuses combinaisons qu'ils peuvent former, soit entre
eux, soit avec d'autres corps ; parce que je veux, autant que
faire se peut, éviter toute considération par trop technique.

Voyons maintenant l'effet que les plantes, par l'intermédiaire
de leurs feuilles, exercent sur l'air, sous l'action de la lumière
du soleil.

Les plantes ont la puissance d'absorber, par l'intermédiaire
de leurs feuilles, l'acide carbonique contenu dans l'air, de
retenir le carbone et de dégager l'oxigène ; elles ont également
la puissance d'agir de la même manière sur l'eau et d'absorber,
ainsi que nous l'avons vu, l'hydrogène en dégageant l'oxigène.
Enfin, elles ont encore la faculté d'agir sur un composé contenu
dans l'air, nommé ammoniaque, qui contient l'azote, et de lui
emprunter l'azote ainsi que l'hydrogène. L'action que nous
venons de décrire s'exerce continuellement sous l'influence
active de la lumière du soleil ; elle est moins intense au crépus-
cule et pendant la nuit. Si vous vouliez en faire directement
l'expérience, prenez une bouteille d'eau contenant du gaz
acide carbonique, plongez-la en la retournant, et après y
avoir introduit doucement de jeunes rejetons de menthe, dans
un vase rempli d'eau, soumettez le tout à l'action directe du
soleil ; vous verrez alors un effet très-puissant se produire ;
de petits globules se dégageront des feuilles de menthe et vien-
dront se présenter à la surface du vase. Si vous recueillez ces
globules, vous pourrez facilement vérifier qu'ils ne sont autre
chose que de l'oxigène, en y plongeant un papier en ignition,
qui s'enflammera immédiatement par le fait seul de la présence
de ce gaz. (C'est là l'une des propriétés distinctives de cet

élément.) Vous vous serez ainsi assurés que le gaz acide
carbonique contenu dans la bouteille a été décomposé par les
feuilles de menthe, qui auront absorbé le carbone et dégagé
l'oxigène.

Une autre preuve de cette puissante action quand elle
s'exerce sous l'influence des rayons du soleil, est fournie par
une expérience faite par un savant français. On sait que le gaz
acide carbonique, en traversant un lait de chaux, y détermine
un précipité blanc et floconneux. Le savant dont il s'agit prit
un long tube de verre et y introduisit un jeune bourgeon de
vigne ; il ferma l'une des extrémités du tube en y ménageant
toutefois un petit orifice, par lequel il introduisit un courant
d'air chargé d'acide carbonique ; il plongea l'autre extrémité
du tube dans un vase contenant un lait de chaux. Ceci fait,
il couvrit le tube de façon à intercepter toute action des rayons
solaires ; il dirigea alors par l'orifice ménagé un courant de gaz
acide carbonique qui, après avoir effleuré les feuilles de vigne,
arriva jusqu'au lait de chaux, dans lequel il détermina le
précipité habituel. Après avoir changé son lait de chaux, il
dirigea un nouveau courant de gaz acide carbonique ; mais
cette fois il exposa le tube aux rayons du soleil. Il n'y eut,
dans le lait de chaux, aucun précipité, ce qui prouvait que le
gaz n'était pas parvenu jusqu'à lui et qu'il avait été décomposé
par les feuilles de vigne. Elles avaient, en effet, absorbé le
carbone et dégagé l'oxigène.

Il est difficile d'admettre au premier coup-d'œil que l'air
puisse contenir une quantité suffisante d'acide carbonique pour
fournir aux plantes tout le carbone qui leur est nécessaire ;
mais si l'on observe que l'atmosphère a 65 kilomètres d'épaisseur, qu'elle contient 2 parties de cette substance sur 10,000 et
que son poids est de 1 kilogramme 0.33 par centimètre carré
de la surface de la terre, on reste convaincu que la quantité

de carbone contenu dans l'air est bien plus grande que celle qui existe dans la végétation de toute la terre, et probablement que celle qui pourrait être tirée de toutes les mines de charbon connues.

Il est constant, en effet, que l'atmosphère contient du carbone en quantité suffisante pour alimenter une végétation dix fois plus grande que celle qui existe actuellement sur la surface du globe. Il résulte d'ailleurs de la décomposition permanente des matières végétales et animales et d'autres circonstances, que toujours il y aura dans l'air assez de carbone pour alimenter les plantes.

De l'eau qui tombe de l'air, les plantes ont la puissance d'absorber l'hydrogène et de dégager l'oxigène qui la composent. Elles ont de même la faculté d'agir sur l'ammoniaque contenu dans cet air en absorbant l'azote qui peut leur être nécessaire, ainsi que l'hydrogène si elles en ont besoin. Enfin, les plantes possèdent aussi la faculté de décomposer les nitrates dont elles retiennent l'azote.

Du sol, elles obtiennent de la même manière les agents minéraux dont elles ont besoin, par exemple le phosphate de chaux. L'on sait que les os contiennent une grande quantité de phosphate de chaux. Les animaux se nourrissent de végétaux, et, si les végétaux qu'ils consomment ne contenaient pas cette substance, ils ne pourraient pas développer leur ossature. Donc, tous les végétaux, ou tout au moins les parties de ces végétaux propres à l'alimentation des animaux, contiennent du phosphate de chaux; ils contiennent aussi, en certaine proportion, de la silice à l'état soluble, de la soude, de la potasse, de la chaux, de la magnésie, du sel ordinaire, de l'acide sulfurique, sous la forme de sulfate de chaux et autres sulfates. Tous ces éléments sont fournis aux plantes par le sol.

Ce qui constitue dès lors l'aliment d'une plante, ce sont les éléments que cette plante tire du sol et de l'air. En d'autres termes, tout ce qui contribue au développement de la plante est un engrais. Il résulte donc de ce que je viens d'établir que la source réelle de tout engrais est la terre d'un côté et l'atmosphère de l'autre. Qu'importe ce que peuvent être les engrais et d'où ils viennent? on peut toujours remonter à leurs sources premières, l'air d'un côté et la terre de l'autre.

Laissez-moi ici vous signaler quelques faits d'une importance majeure. Les plantes, dans leur état naturel ordinaire, telles qu'on les trouve sur les sols divers, sont organisées de façon à soutirer du sol tout ce que leur alimentation requiert. Mais en culture, il n'est pas possible de se fier à cette faculté. Si l'on abandonnait un champ à lui-même, on sait ce qui en résulterait. La nature le couvrirait de certaines plantes dont on n'aurait que faire. Ce que l'on se propose d'obtenir par la culture, ce sont au contraire des plantes d'une espèce déterminée, ayant une valeur sur le marché, qui ne sont pas spéciales au sol et n'y croîtraient pas spontanément en quantité suffisante. Il faut donc agir autrement que ne le ferait la nature, ou plutôt il faut aider la nature et l'amener à faire votre travail.

Une des facultés les plus saillantes du sol, c'est celle de pouvoir absorber de l'air certains éléments gazeux qui sont précisément ceux que les plantes s'assimilent. Permettez-moi de parler un instant du labourage, ou plutôt de la jachère. Que faites-vous en laissant votre terre en jachère? N'exposez-vous pas le sol, par des renversements répétés, à l'action de l'air? Ne le mettez-vous pas à même, s'il a les moindres dispositions à le faire, de soustraire à l'air tout ce qu'il peut? Ne le mettez-vous pas dans un état tel de porosité qu'il pourra saisir toutes les occasions qui se présenteront d'agir sur cet air? Le résultat final est que par la jachère, vous pulvérisez le sol, vous favorisez son action sur l'air, et il se produit une absorption considérable d'ammoniaque, d'acide nitrique, d'acide carbonique et d'autres éléments essentiels au développement des plantes. Après cela, vous confiez au sol ainsi traité une récolte, et bien qu'il soit resté une année improductif, il est surprenant que cette récolte vous donne des bénéfices. En agissant ainsi, vous avez procuré aux plantes non-seulement les éléments qu'elles peuvent tirer de l'air par leurs feuilles, mais encore tous ceux que le sol, pendant douze mois, a soutirés de l'atmosphère à leur profit. Voilà un système de fumure que j'appellerai naturel; il n'y a pas de doute que dans certaines circonstances les cultivateurs l'emploient à leur grand bénéfice. La jachère n'est ni plus ni moins qu'un procédé pratique destiné à augmenter dans le sol la quantité d'éléments nécessaires à une récolte. C'est, en fait, un système de fumure par l'air.

Mais, Messieurs, rappelez-vous que sans drainage il est absurde de croire à l'efficacité du labourage et de la jachère. Quel est l'effet du drainage ? Si le sol agit sur l'air par suite de sa porosité, ainsi que je l'ai dit tout-à-l'heure, il est naturellement impossible qu'aucune action semblable puisse avoir lieu quand les pores sont remplis d'eau. C'est donc pour les cultivateurs une condition *sine quâ non* : ou que le sol soit naturellement assez poreux pour que l'eau puisse descendre et céder la place à l'air, ou qu'il soit amené artificiellement à cet état par un drainage convenable. Tout ce que je pourrai dire désormais concernant l'application des engrais ne devra donc jamais s'entendre d'un sol non drainé, mais bien des terres amenées à un tel état de porosité qu'elles puissent facilement être pénétrées par l'eau et par l'air et agir ainsi sur l'atmosphère avec toute l'action dont elles sont susceptibles.

J'aborderai ici incidemment une question sur laquelle je m'étendrai plus longuement lorsque je viendrai à parler des engrais. L'atmosphère est une grande source de l'une des formes de l'engrais. L'azote y existe sous forme d'ammoniaque, aussi bien que dans les flacons de senteur des dames, aussi bien que dans vos étables. On le trouve aussi sous la forme d'acide nitrique, comme dans le nitrate de soude. Non seulement le sol absorbe l'ammoniaque et l'acide nitrique de la manière que j'ai décrite, mais l'air lui-même, par l'intermédiaire de la pluie, fournit chaque année au sol une quantité énorme de ces éléments. Il a été prouvé, par des expériences récentes (encore ignorées dans ce pays) et faites par un savant chimiste français (M. Barral), que l'eau de pluie qui tombe aux environs de Paris contient une quantité d'acide nitrique et d'ammoniaque égale à celle d'une fumure de 240 kilogrammes de guano par hectare. Si donc les terres ne sont pas drainées et qu'elles soient saturées d'eau, cette splendide fumure fournie par la pluie courra à la surface, et, ne pénétrant pas dans le sol, elle ne cédera pas à la récolte plus d'un tiers et même d'un quart de sa puissance fertilisante.

J'ajouterai encore que le sol doit contenir des matières calcaires. Cet élément abonde dans certains districts, sous forme de craie, de marne ou de pierre à chaux, etc. En temps chaud, il détermine dans les sols qui le contiennent une absorption naturelle d'ammoniaque, qui, par le fait seul de cette absorption, se transforme en acide nitrique.

Nous sommes tous disposés à considérer le salpêtre bien plutôt comme un agent de destruction que sous tout autre aspect, mais il ne faut pas oublier qu'il est en fait un des agents les plus actifs de la production agricole. Dans les guerres de notre révolution, du temps de Cromwell et de Charles Ier, tout le salpêtre que les combattants employaient à

s'entre-détruire était tiré du platras de vieux murs, du fond
des étables et autres lieux où de l'urine avait été déposée ; et
quand nous étions en guerre avec la France en 1798, alors que
nous avions interrompu son approvisionnement de salpêtre des
Indes Orientales, tout le salpêtre employé par Napoléon était
obtenu de la même manière. Des platras ou des matières calcaires provenant de vieilles maisons, des urines, des matières
végétales et animales puisées à différentes sources, du sol
provenant d'écuries à vaches, d'étables et autres lieux que
l'urine avait pénétrés, tout cela était réuni et disposé dans un
certain ordre. Une description succincte des nitrières alors
employées ne sera pas sans utilité. Une couche de matières
calcaires était étendue sur le sol ; cette couche avait ordinairement les dimensions suivantes : 7 à 10 mètres de long,
4 mètres de large et 33 centimètres de hauteur ; sur cette
première couche on en plaçait une seconde composée de fumier
de cheval, de paille, de chair de cheval ou d'autres matériaux
de ce genre. Venait ensuite une nouvelle couche de matières
calcaires, telle que de la marne, des débris de vieilles
étables, etc., puis une couche d'engrais, ainsi de suite,
alternativement. Le tas ainsi formé était tenu à l'abri, de
façon à l'empêcher de recevoir une trop grande quantité de
pluie. Il était tenu dans un état permanent d'humidité par des
arrosages d'urine, ou d'urine mêlée d'eau, et même d'eau
pure quand l'urine venait à faire défaut. Tous les trois ou
quatre mois le tas était retourné et arrosé de temps en temps
avec de l'eau ou de l'urine pendant neuf ou dix mois ; après ce
laps de temps, il était arrosé avec de l'eau seule ; les arrosages
d'urine, ainsi que l'addition de toute matière animale ou végétale, étaient supprimés. De cette manière, et après quinze ou
dix-huit mois, tout l'azote et tout l'ammoniaque que le tas
contenait s'étaient unis à l'oxigène et transformés en acide

nitrique. Cet acide se combinait avec les matières calcaires pour former du nitrate de chaux, du nitrate de magnésie, ainsi de suite. Le tas était alors mis dans un grand bassin et lavé à grande eau ; ce lavage opérait la dissolution des nitrates ; on décantait ; la liqueur, à laquelle on ajoutait des cendres de bois, était mise en ébullition, et l'on avait ainsi du nitrate de potasse, substance que l'on voulait obtenir. Il n'est pas nécessaire, pour les cultivateurs, d'employer la cendre de bois, par la raison que tous les nitrates leur sont également utiles. Tel est le mode au moyen duquel tout le salpêtre usé pendant notre révolution et la première révolution française, fut obtenu.

Maintenant, Messieurs, il faut que vous sachiez qu'un sol, quel qu'il soit, s'il contient des matières calcaires, s'il est dans un état de porosité convenable et bien travaillé, ne se comporte pas autrement qu'une nitrière, surtout en temps chaud, quand on lui a confié des matières végétales et animales, que ces matières viennent de la ferme ou de tout autre lieu. Voici un fait sur lequel on ne s'est pas appesanti, comme on aurait dû le faire. Partout où le sol est suffisamment poreux et convenablement exposé à l'air, on a non seulement l'action propre des matériaux qu'il contient, l'ammoniaque s'oxidant et donnant lieu à la formation d'acide nitrique ; mais l'on a encore une absorption continuelle de ces éléments puisés dans l'air. Toute nitrière donne lieu à une production d'azote plus grande que la quantité contenue dans les matériaux qui concourent à former cette nitrière, ce qui prouve évidemment qu'il y a absorption de l'azote de l'air.

Les réflexions qui précèdent me conduisent à vous parler des expériences faites par M. Smith, du comté de Northamptonshire. Ce propriétaire est parvenu à faire croître du blé sur le même champ, pendant plusieurs années consécutives, sans l'emploi d'aucune espèce de fumure. Par le fait, il a appliqué pour arriver à ce résultat la méthode de Jethro-Tull. Jethro-Tull s'était imaginé qu'en pulvérisant le sol à un haut degré il parviendrait à le rendre assez ténu pour qu'il pût être absorbé directement par les pores des racines, et pénétrer de là dans les plantes, ce qui lui aurait permis de parer à la pénurie des fumures. Quoique cette théorie fût vicieuse, sa mise en pratique n'en était pas moins excessivement rationnelle, ce qui fut prouvé par le résultat qu'obtint Jethro-Tull, qui, pendant une longue série d'années, obtint par ce moyen des récoltes de blé fort satisfaisantes. Cependant, après quelques années d'usage, sa méthode tomba en désuétude. Durant les quatre ou cinq dernières années, M. Smith, qui possède quelques acres de terres passablement fortes, moyennement absorbantes et bien fournies d'éléments minéraux, a fait diverses expériences de même nature. Est-il parvenu, me demanderez-vous, à obtenir des récoltes sans fumures ? Oui ! Je ne dis pas sans engrais dans le sens que j'attribue à ce mot, mais dans celui que vous avez l'habitude de lui donner. Il n'a pas appliqué à ses terres des charrettes de fumier, mais il les a mises en état d'obtenir des fumures sous une forme que généralement vous n'admettez pas ; et c'est là un des points les plus importants que j'ai à vous signaler et que je désirerais vous voir admettre sans restriction. Il y a des sources d'engrais ailleurs que dans le fumier de ferme, la paille, le guano, etc., etc....

Après avoir bien préparé tout son champ par des labourages et des hersages complets, M. Smith sème son blé par séries de trois lignes parallèles espacées de 0^{m}33. Chaque série est séparée de la suivante par un espace d'un mètre. Quand le blé est levé, les espaces de 0^{m}33 sont fréquemment béchés ou retournés au moyen d'une herse à main de 0^{m}16 de large, de façon à ne pas s'approcher de plus de 0^{m}08 du blé. Les mauvaises herbes sont ainsi extirpées et l'air peut parvenir jusqu'aux racines. Les espaces d'un mètre sont traités comme des jachères durant toute la durée du printemps et de l'été, et jusqu'à ce que le blé soit assez grand pour empêcher le travail ; ils sont fréquemment retournés et bien exposés à l'air. Quand la récolte est mûre et enlevée, les espaces d'un mètre sont semés en blé suivant la méthode indiquée plus haut, et les séries de trois rangs sont à leur tour traitées en jachère. Pendant les quatre ou cinq dernières années, M. Smith a obtenu en moyenne de sa terre, 27 à 37 hectolitres par hectare ; et cela sans la moindre addition de fumure ayant la forme de guano, de fumier de ferme ou de tout autre matière visible. Cependant il a fumé constamment, parce que, pendant toute la durée de ses façons, il y a eu une absorption considérable des éléments fertilisants contenus dans l'air ; des nitrières ont été formées, et le résultat a été le même que si l'on eût employé une fumure réelle de nitrate de soude. Dans le cas où le sol est léger et où ses facultés absorbantes sont moins développées, il emploie les engrais avec un succès complet. Il réalise sur sa culture de blé un bénéfice de 250 à 300 francs par année et par hectare. Il publie chaque année le compte-rendu de ses opérations, et il assure que, même en vendant son blé au faible prix de 17 francs l'hectolitre, il réalise encore un bénéfice de plusieurs livres (25 francs) par acre (40 ares). Sur les sols légers, je le répète, il est obligé d'employer les fumiers visibles. Il est clair que les sols peuvent différer dans leur puissance d'absorption ; les marnes argileuses, par exemple, ont une puissance d'absorption que n'ont pas les sols légers ; elles contiennent aussi, en bien plus grande quantité, des agents minéraux utiles. Avec des sols légers, la fumure est donc indispensable.

Je vous ai donné ces détails, Messieurs, dans l'espoir que vous voudrez bien les répandre autour de vous, afin que les vérités suivantes se fassent jour de toutes parts : *L'engrais est fourni par l'air d'une part, et par la terre de l'autre. Par un travail convenable de la terre et par son exposition complète à l'air, on peut obtenir les mêmes résultats que par l'emploi des fumures visibles, parce que les agents actifs, mais invisibles, que contient l'air, sont dans ce cas absorbés par la terre au profit des plantes.*

Les assolements divers mis en pratique démontrent claire-ment l'exactitude du principe qui précède. Celui de Norfolk, par exemple, est : turneps, orge, trèfle, blé. Pourquoi cette rotation donne-t-elle d'excellents résultats ? Vous admettrez sans doute que, toutes choses étant égales d'ailleurs, les plantes à larges feuilles soutireront de l'air plus d'éléments fertilisants que celles à feuillage mesquin. Le turneps étale à l'air de larges feuilles qui, sous l'influence d'une douce brise et des rayons du soleil, absorbent une grande quantité d'élé-ments utiles que le turneps aménage provisoirement pour produire plus tard la graine : telle est la fonction du turneps. Mais, dit le cultivateur, je n'ai pas besoin de graines de turneps, il me faut des moutons et de l'orge ! S'il n'avait pas besoin de viande, il devrait labourer son champ de turneps, les enfouir tous pour féconder sa récolte d'orge qui va suivre. Mais il a besoin de viande et alors il fait manger ses turneps ; une partie des éléments fécondants qu'ils contenaient est absorbée par le bétail ; l'autre partie, sous forme de fumier, retourne à la terre pour accomplir la mission fertilisante du turneps. L'orge est alors semé ; ses feuilles étroites ne lui permettraient d'absorber par elles-mêmes qu'une quantité d'élé-ments nutritifs fort restreinte et à peine susceptible de lui faire rendre 15 à 20 hectolitres par hectare ; mais par l'emploi préalable des turneps, qui est préférable à la jachère puisqu'il fournit au sol un agent vital, la terre est pourvue en grande abondance d'éléments utiles dont l'orge s'empare; de là une augmentation considérable de la récolte. Après l'orge, vient une plante à larges feuilles, le trèfle, par exemple. Comment se comporte cette plante? Chaque petite feuille qui la compose envoie dans le sol de petites racines, de telle sorte que plus la végétation extérieure est active, plus celle intérieure est abondante; aussi, quand le trèfle est coupé, il reste dans le sol, sous forme de racines, plusieurs milliers de kilogrammes par hectare de matières végétales très-précieuses, qui, par leur décomposition lente, s'y transforment en éléments nutritifs que le blé va absorber. Ainsi, en employant le turneps avant l'orge, et le trèfle avant le blé, vous accumulez dans le sol, au profit des récoltes suivantes, de grandes quantités d'éléments fertilisants soutirés à l'air.

Les principes qui précèdent sont clairement démontrés par la comparaison des résultats que l'on obtient si, d'une part, on coupe régulièrement le trèfle en le faisant manger à l'étable, et, d'autre part, si on fait manger ce trèfle sur place. On croit généralement qu'en faisant manger le trèfle sur place et en lui adjoignant un peu de tourteau ou d'autre nourriture, on aura une récolte beaucoup plus belle que si l'on a fait les coupes régulières que comporte le trèfle. Je sais que je marche en ce moment sur un terrain dangereux; mais dussé-je être accusé d'hérésie, je soutiens que le cultivateur qui agit ainsi commet une erreur, à moins toutefois qu'il ne réalise des bénéfices sur la viande que dans ce cas il obtient. Si on coupe le trèfle en été, qu'on le laisse croître à nouveau pour le couper encore en automne, la récolte suivante en blé sera beaucoup plus belle que celle qui serait obtenue par l'autre système : à moins qu'on ne veuille entrer dans de grandes dépenses. Chaque rejeton, je le répète, envoie dans le sol de petites racines, et si on fait manger ces rejetons, la végétation

2

intérieure est supprimée. Je ne saurais trop le dire, la végétation intérieure est directement proportionnelle à la végétation
extérieure ; si l'on supprime la dernière, on ne laissera dans
le sol que très-peu de racines, et la petite quantité d'aliments
qui lui sera fournie par le tourteau consommé ne produira
que peu ou pas d'effet.

Un de mes amis du Northamptonshire a démontré, par une
expérience directe, l'exactitude du fait que j'avance. Il possé-
dait un champ de trèfle qu'il faucha entièrement en été. Ceci
fait, il le divisa en deux parties ; il laissa croître le trèfle sur
l'une d'elles ; sur l'autre, il y parqua des moutons. En octobre,
il fouilla une surface parfaitement égale de chacune des deux
parties, en tira toutes les racines qui y étaient contenues,
puis il les pesa après les avoir nettoyées avec soin. Il put ainsi
constater que la partie sur laquelle le parquage avait eu lieu
contenait 31.50 quintaux métriques de racines par hectare,
et que la partie où le trèfle avait été coupé deux fois contenait
95 quintaux de ces racines pour la même surface, soit une
différence de 63.50 quintaux métriques par hectare. Qui
niera dès lors que cette énorme quantité de racines riches en
azote ne fût de nature à produire à elle seule une excellente
fumure ? Aussi, les récoltes de blé qui succédèrent sur chacune
des parties du champ présentèrent-elles une différence excessivement sensible. L'on peut être certain qu'à une seule
exception près, celle où le sol est assez léger pour que le
piétinement soit une opération de première nécessité, on aura
toujours une meilleure récolte en coupant deux fois le trèfle
qu'en ne le coupant qu'une seule et en faisant pâturer le reste
de la saison.

A l'égard des turneps, il est un fait que je tiens à vous
signaler, car pour avoir une notion exacte des engrais et de
leur action on ne saurait, à mon avis, négliger les moindres

détails. Les cultivateurs admettent généralement que les moutons et les autres animaux ont la puissance d'ajouter aux végétaux qui forment leur nourriture certains éléments qui les convertissent en fumier. C'est là une grande erreur. Qu'une nourriture végétale passe à travers le corps d'un animal ou qu'elle soit déposée directement dans le sol, le résultat sera le même, si toutefois on peut lui assurer une décomposition complète. Considérons une récolte de turneps, supposons que l'on ait deux champs produisant 50,000 kilogrammes par hectare; sur l'un, on arrache les turneps, on les répand à la surface; sur l'autre, on y parque des moutons, puis on procède à un labourage général et on ensemence en orge. Je soutiens que l'on aura une récolte plus abondante sur le premier champ que sur le second. Je soutiens que là où les turneps auront été enfouis dans le sol, on aura approvisionné dans ce sol une bien plus grande quantité d'éléments propres à la fumure de la récolte suivante, que là où l'on aura nourri les moutons; parce que pour réparer les déperditions naturelles qu'il subit et pour augmenter son poids, le mouton prend au turneps qui lui sert de nourriture certains éléments propres à la satisfaction de ses besoins, et qu'ainsi ce qu'il rend au sol est moins riche en matières fertilisantes que le turneps lui-même avant sa consommation. D'où veut-on qu'un mouton tire son fumier, si ce n'est de sa nourriture? Il n'a pas la faculté de le prendre ailleurs, il consomme et ne produit pas. Donc l'élevage du bétail implique une transformation d'éléments nutritifs en viande, et il y aurait perte matérielle si, sur la viande produite, on ne réalisait des profits, ce que vous faites tous, Messieurs, je me plais à le reconnaître. J'ai vu une époque où le turneps était tellement abondant qu'il n'y avait pas assez de troupeaux pour les consommer; certains cultivateurs, dans ce cas, n'hésitaient pas à les enfouir dans le sol. De magnifiques récoltes d'orge étaient la conséquence de cet emploi. J'ai prié quelques-uns de mes amis d'essayer à ce sujet quelques expériences. J'ai, sur les résultats obtenus, une lettre ou deux que je prendrai la liberté de vous lire.

« Broad street, août 1849.

« En réponse à votre lettre, je suis autorisé à vous dire « que les membres du Farmers'Moon Club, aux environs de « Rochester, comté de Kent, reconnaissent d'une manière « unanime que les engrais végétaux sont spécialement ferti-« lisants. Si on considère un champ préparé d'une manière « uniforme et ensemencé en navette pour fourrage et divisé « en trois parties; que sur la première on fasse manger la « récolte sur place, sans aucune addition d'autre nourriture; « que sur la seconde on enfouisse la récolte, et qu'enfin sur « la troisième on fasse manger sur place, avec addition de « tourteau; la récolte de blé qui suivra sera la moins belle sur « la première partie; sur la seconde, la récolte sera préfé-« rable; enfin, ce sera la troisième qui, indubitablement, « donnera les plus beaux résultats. Ainsi, tout milite en « faveur des fourrages verts pour la fumure,

« JOHN OAKLEY. »

« Nasbny, mai 15 1849.

« Ayant passé la dernière quinzaine dans le Yorkshire, je « regrette beaucoup de ne pas avoir répondu plus tôt à la « demande que vous m'avez adressée. Je m'empresse, à mon « retour, de vous fournir le renseignement que vous désirez. « Dans le printemps de 1846, j'eus plus de turneps que

« mes bestiaux ne pouvaient en consommer. Je m'imaginais alors
« qu'en les enfouissant, j'obtiendrais dans la récolte qui de-
« vrait suivre, autant de bénéfice que si j'avais fait consommer
« ces turneps par les moutons. J'opérais donc de la sorte, dès
« la première semaine de février sur un acre seulement, et
« sur un autre acre vers la quatrième semaine de mars. Sur
« une partie du reste du champ, je fis manger sur place; enfin
« sur l'autre partie récemment défoncée, tous les turneps fu-
« rent enlevés. Sur le champ où les turneps furent coupés et
« enterrés vers la première semaine de février, la récolte
« d'avoine qui succéda fut de 30 hectolitres 50 c.; là où les
« turneps furent coupés et enfouis vers la quatrième semaine
« de mars, le produit fut de 27 hectolitres par acre; là où ils
« furent mangés sur place, je n'eus plus que 25 hectolitres
« 50 c.; enfin sur la partie nouvellement défoncée, j'obtins
« une récolte de 14 hectolitres 86 c. de blé.

« PETER LOVE. »

« Assington Moors, juin 15 1849.

« Je viens de voir M. Underwood qui pendant 18 ans a été
« mon voisin; il m'a dit que depuis plus de 20 ans il a l'habi-
« tude d'enfouir chaque année sa récolte de turneps sur quel-
« ques acres. Il a la certitude que cette méthode lui procure
« une augmentation de 8 hectolitres d'orge par hectare sur
« celle qui consiste à faire manger sur place. Le trèfle est aussi
« infiniment préférable; quant au blé, il n'a pas fait d'obser-
« vations assez positives pour dire quels bénéfices sa méthode
« réalise. Il estime que le produit d'un hectare de turneps
« enfoui à une époque quelconque, avant leur montée toute-
« fois, assurera sur la récolte suivante un avantage de 38 à

« 50 francs sur celle qui résulterait d'une consommation sur
« place par les bestiaux.

« J'ai visité cette semaine un champ de blé appartenant à
« M. John Gardon; ce champ, il y a trois ans, portait des
« turneps blancs, une partie fut enfouie, l'autre fut mangée
« sur place par des moutons auxquels on donnait en sus une
« ration de 1/2 livre de tourteau par jour. Le blé, dans la
« partie où les turneps furent enfouis, est incontestablement
« plus beau que partout ailleurs. J'estime que la différence
« sera de 2 hectolitres 70 c. par hectare. M. Hudson, le
« maître d'hôtel, m'a assuré que l'orge était d'un pied plus
« haut que sur le reste du champ et qu'il avait rendu au moins
« 8 hectolitres de plus par hectare. Toute la récolte de trèfle
« avait été mangée sur place, et l'on n'a tenu aucune note des
« différences que le champ a pu présenter; il en aurait sans
« doute été de même si les résultats constatés sur le blé n'eus-
« sent pas présenté une différence aussi sensible que celle que
« j'ai constatée moi-même. Le propriétaire avait parqué des
« moutons sur l'une des parties de son champ; mais il prirent
« la maladie et furent vendus; au lieu d'en acheter d'autres,
« il préféra enfouir le reste de ses turneps. J'achète volontiers,
« vous le savez, les turneps; aussi mon attention fut-elle
« éveillée sur l'influence que leur enfouissement peut exercer
« sur la récolte suivante par la persistance que mettait mon
« voisin, M. Undervood, à ne pas vouloir me céder des champs
« de turneps pour y parquer des moutons au prix de 25 francs
« par acre (prix fort élevé et que je n'offrais qu'à cause de la
« convenance), tandis que tous les autres cultivateurs des
« environs s'empressaient d'accepter de semblables propositions.
« J'ai pu dans deux circonstances différentes vérifier directe-
« ment l'exactitude des résultats qu'il dit obtenir. Néanmoins,
« je persiste à croire que si 75 kilogrammes de *turneps de*

« *Suède* produisent une livre de viande (il résulte des expé-
« riences que j'ai faites qu'une tonne de turneps de Suède
« produit 14 livres de viande), ou si 100 kilogrammes de
« *turneps blancs* font une livre de mouton, et que nous puis-
« sions obtenir sur un hectare de terre 50 tonnes des premiers
« et 65 ou 72 des seconds, je persiste à croire, dis-je, qu'il
« y aura plus d'avantage à faire manger sur place et produire
« de la viande que l'on vend 10 sous la livre, qu'à augmenter
« de 37 francs 50 cent. la récolte de blé en enfouissant des
« turneps.

« J'ai été indisposé ces temps derniers et je n'ai pu vous
« répondre plutôt.

« Thos Hawkins. »

Il est un point de la première lettre que je ne saurais admettre.
L'opinion bien arrêtée des cultivateurs, partout où les expériences ont été convenablement faites, est que les turneps et les
navettes sont infiniment plus profitables à la récolte qui leur
succède, si on les enfouit, au lieu de les faire manger sur
place par des moutons, alors même que l'on ajoute du tourteau
à la nourriture de ces animaux.

Nous sommes ainsi conduits à parler des engrais verts :
admettons que l'on ait une propriété de milles acres et plus,
assez grande en d'autres termes pour qu'on ne puisse pas la
fumer entièrement. Un des meilleurs moyens d'accroître sa
fertilité sera d'y faire croître la navette ou autre végétal de
ce genre, et de l'enfouir dans le sol, parce que la navette tire
de l'air des éléments gazeux en grande abondance, et aménage ainsi dans le sol une abondante provision d'engrais qui
sera profitable à la récolte suivante. Ce n'est pas autrement que
le blé est récolté dans quelques parties de l'Amérique. Dans
ces pays, les cultivateurs sèment du trèfle et l'enfouissent ;

vient ensuite une récolte de blé. Après cela , ils laissent en jachère une année pour débarrasser la terre des mauvaises herbes;
ils enfouissent enfin une nouvelle récolte de trèfle. Ils
ne suivent pas d'autre méthode pour obtenir une récolte de
blé tous les trois ans. Ainsi , ils emploient le trèfle simplement
dans le but d'obtenir de l'air les éléments nutritifs qui sont
nécessaires au blé.

Nous allons maintenant passer à la préparation du fumier de
ferme. Cet engrais est généralement formé de tous les débris
végétaux de la ferme mêlés aux excréments des animaux. Je
l'ai dit déjà , que les matières végétales soient mises en état de
décomposition par une fermentation spontanée , ou en passant
à travers le corps d'un animal , le résultat final est le même.
Si l'on confie une certaine quantité de nourriture à un animal
qui absorbe constamment de l'air dans son système , cet air
agit sur la nourriture et en consume une partie ; de telle sorte
que ce que l'animal rend est moins riche que ce qu'il avait
reçu. Le même fait se produit pour la paille que l'on fait pour-
rir sous les animaux : l'air agit sur les éléments qui la composent et en consume une partie ; il résulte en effet , du fait
même de la décomposition un dégagement d'acide carbonique,
d'ammoniaque et d'eau qui rentrent dans le réservoir commun,
l'air. En sorte que , je le répète , soit qu'on fasse passer la
nourriture par le corps d'un animal , soit qu'on la fasse décomposer à l'air libre , le résultat final est le même. Il y a
toujours quelque chose qui est rendu à l'air , ce qui reste forme
le fumier.

Le fumier animal est cependant généralement plus riche que
celui qui résulte de la décomposition des débris de ferme ;
mais cet excès de richesse tient uniquement à ce que la nourriture des animaux est aussi généralement plus riche que les
débris dont nous parlons. Si l'on nourrissait seulement avec

de la paille, les excréments ne seraient certainement pas plus
riches, au point de vue de l'engrais, que la paille décomposée
à l'air libre; mais si l'on nourrit avec des céréales, qui contiennent cinq fois plus d'azote et beaucoup plus de phosphates
que la paille, les excréments auront aussi une bien plus grande
valeur que la paille décomposée. Le résultat ne saurait différer
en aucune autre circonstance. Si l'on prenait au contraire une
certaine quantité de blé ou de graines de lin, et qu'on les fît
décomposer à l'air au lieu d'en nourrir un animal, le résidu
aurait la même valeur que les excréments de l'animal nourri
avec les mêmes graines. Si donc les fumiers des animaux à
l'engrais ont une grande valeur, cela tient uniquement à ce
que l'on donne à ces animaux une riche nourriture que l'on
ne craint pas de prodiguer, parce qu'elle fournit du bœuf ou
du mouton. Ainsi il doit être bien entendu que le fumier animal est exactement semblable au fumier végétal.

En réalité, le corps des animaux est semblable à une machine à vapeur : comme à elle, il lui faut son air, son foyer
et ses aliments pour maintenir sa chaleur et produire de la
force. Ce qui n'a pu être consommé, est expulsé de même
que le résidu des cendriers.

La plupart des animaux se nourrissent de matières végétales;
les carnivores se nourrissent d'animaux qui ont vécu eux-
mêmes de matières végétales; de sorte que, quel que soit le
fumier animal que l'on emploie, on est certain qu'il est dérivé
du règne végétal.

Le rôle du fumier de ferme est de concourir à la formation
de nouveaux végétaux au moyen d'anciens végétaux ; en les
employant sur un sol, on ne fait que lui rendre ce que naguère
on lui avait pris. Suivant les circonstances dans lesquelles on
se trouve placé, on fait le fumier de ferme de différentes manières au moyen de matières végétales. Les uns étendent de

la paille dans une cour, ils y introduisent des animaux auxquels ils donnent une nourriture quelconque, les animaux
foulent cette paille et y déposent leurs excréments. Dès que la
paille entre en décomposition, on la retire et l'on a du fumier
de ferme. Les autres nourrissent leur bétail dans des boxes
avec du tourteau, de là une autre espèce de fumier de ferme.
Mais quelque procédé que l'on emploie, on trouvera toujours
que le fumier obtenu n'est ni plus ni moins formé de matériaux
qui naguère ont pris naissance sur le sol, et qui, ayant eu
autrefois une vie végétale sont confiés à la terre pour alimenter
cette même vie. C'est là un fait simple, mais très-important,
que ce qui autrefois faisait partie d'un végétal puisse devenir
encore partie intégrante d'un autre végétal.

Dans la conduite et l'aménagement du fumier de ferme,
il est certains faits qui méritent de fixer l'attention. Quelques-
uns des éléments composant le fumier de ferme sont volatils
et se dégagent dans l'air ; d'autres solubles dans l'eau sont
entraînés, si l'eau surabonde ; les éléments les moins précieux, au contraire, sont les moins volatils et les plus insolubles.

L'ammoniaque, l'un des éléments les plus importants de
tout engrais est aussi le plus volatil, et si on laisse les matières végétales se décomposer dans un milieu d'une température
trop élevée, l'ammoniaque est dégagé au fur et à mesure qu'il
se forme. De même, et j'ai bien peur qu'il en soit ainsi dans ce
pays, si on laisse aller sur le fumier toute l'eau des toits et
des cours, on détermine un lavage important de tous les sels
solubles, et le fumier qui est ainsi privé de ses éléments volatils et solubles ne vaut guère mieux que la paille ; il n'a pas
plus de valeur et ne produit pas de meilleurs résultats.

Si on achetait de l'ammoniaque pur dans le commerce, on
ne le paierait pas moins de 1,500 francs les 1,000 kilo-

grammes, de quelqu'engrais qu'on ait pu le tirer. Le phosphate de chaux et les autres matières de ce genre coûteraient également un prix fort élevé; pourquoi donc ne les conserve-t-on pas avec le plus grand soin quand on les possède?

Un des meilleurs moyens à employer pour prévenir la perte de l'ammoniaque, quand on ne peut pas employer tout son fumier à la fois, est d'en faire des composts, ou, en d'autres termes, des nitrières. J'ai vu aujourd'hui en me promenant près de Driffield, de nombreux tas de fumiers exposés à l'air libre, sans le moindre abri et qui, sous l'action de la pluie, devaient nécessairement avoir perdu leur ammoniaque, leurs nitrates et tout ce qu'ils contenaient d'essentiel. Je demandai à l'un des propriétaires qui se trouvait là, pourquoi il n'avait pas abrité son fumier, ou tout au moins pourquoi il ne l'avait pas recouvert d'une couche de débris quelconques. Monsieur, me répondit-il naïvement, peut-être que mon fumier eût été meilleur si je l'eusse fait? Si ce cultivateur qui avait sous la main de la boue de route en grande quantité, en eût fait des couches successives alternées par des couches de son fumier, et qu'il eût recouvert le tout de matières terreuses, il aurait obtenu une nitrière complète; toutes les matières terreuses se seraient imprégnées des gaz dégagés par la décomposition, et il se serait procuré un engrais infiniment plus actif que le fumier délavé qu'il met maintenant sur sa terre. Cette nitrification, Messieurs, il vous sera toujours facile de l'obtenir.

Il est des moments où l'on ne peut pas employer tout le fumier dont on dispose. Ce qu'il y a de mieux à faire dans ce cas, c'est de lui ajouter des matières calcaires de telle façon qu'elles puissent se mêler intimement avec lui et d'avoir le soin de retourner le mélange tous les deux mois. Les matières terreuses l'empêcheront de devenir trop léger, elles préviendront aussi une trop grande décomposition. Un des points les plus essentiels, est d'éviter une décomposition trop rapide, et faire en sorte qu'elle se produise lentement et régulièrement.

Il y a beaucoup de cultivateurs qui recherchent le fumier bien consommé ; pour ma part, si j'achète du fumier à tant les 1,000 kilogrammes, je préfère qu'il soit consommé : mais si je fabrique moi-même mon fumier, je procède tout autrement. 100,000 kilogrammes de fumier frais valent infiniment mieux que 100,000 kilogrammes de fumier ramené à 50,000 kilogrammes par suite de la fermentation ; mais d'un autre côté, 1,000 kilogrammes de fumiers consommés valent beaucoup mieux que 1,000 kilogrammes de fumiers frais ; c'est pour cela que lorsque j'achète du fumier, je préfère celui qui est bien fermenté. Il ne s'en suit pas cependant que je doive moi-même faire consommer, outre mesure, le fumier que je possède. A part les sols excessivement légers et qui peuvent souffrir de fumiers pailleux, le fumier frais est plus précieux : 100,000 kilogrammes de fumier frais produisent sur un sol ordinaire plus d'effet que 100,000 kilogrammes de ce même fumier réduits par la décomposition à 70,60 ou 50,000 kilogrammes. Je ne saurais trop le répéter, il importe à un haut degré, de prévenir une trop grande décomposition, à moins toutefois, que l'on emploie des matières étrangères susceptibles d'absorber les gaz dégagés par la fermentation et de manière à former des nitrières.

Le fumier de ferme, ainsi que je l'ai déjà dit, varie essentiellement de valeur, suivant les matières qui le composent. Si l'on nourrit dans des boxes, selon la méthode de M. Warne, avec de la graine de lin, ou toute autre nourriture substantielle, le fumier ne doit pas être exposé à l'humidité, mais on doit, au contraire, l'entasser aussi soigneusement que l'orge lui-même ou le mélanger avec des terres, comme je l'ai dit plus haut ; on doit également le couvrir. En agissant ainsi, en

mélant au fumier des matières calcaires, on obtiendra un engrais qui agira sur le sol aussi activement que les nitrates de
soude qu'on pourrait employer directement.

Nous arrivons maintenant à parler de l'application du fumier
aux différentes cultures, mais pour faire cela utilement, je
dois dire tout d'abord que, pour que le fumier puisse produire
tout son effet, il faut absolument que les terres auxquelles on
l'applique contiennent de la chaux. Quoique vous cultiviez des
plaines crayeuses, je dois vous dire que j'ai souvent vu l'emploi de la craie, même sur des terrains crayeux, produire les
plus beaux résultats. Dans le Hampshire et dans d'autres contrées, dont les dunes ont été pendant de longues années exposées à l'air, j'ai recueilli de la terre prise à quelques pouces
seulement de la surface; soumise à l'analyse, cette terre accu-
sait à peine quelques traces de craie. J'ai conseillé aux propriétaires de ces dunes l'emploi de la chaux ou de la craie,
suivant qu'ils auraient meilleur compte à faire emploi de l'une
ou de l'autre; mon conseil a été suivi, et ils s'en sont bien trouvés. Qu'un sol soit calcaire ou crayeux, il n'en résulte pas que
l'on trouve à la surface de ce sol du calcaire ou de la craie,
car la craie et le calcaire tendent toujours à descendre. Quelques années après qu'un champ a été chaulé, il n'est pas rare
quand on le fouille, de trouver une couche de chaux à plusieurs pouces au-dessous de la surface. Dans quelques champs
du comté de Kent, où le houblon croit sur des roches calcaires, j'ai constaté que la terre de la surface contenait seulement 1 p. 0/0 de carbonate de chaux. Je recommandai, dès-
lors, l'emploi de la craie ou de la chaux sur des terrains que
tout le monde sait être formés eux-mêmes de calcaire, et cela
à cause de la tendance du calcaire à descendre vers les couches inférieures.

Avant de parler des engrais *dits artificiels*, je dirai quelques mots de l'application du fumier de ferme en général. Comment doit-on employer cet engrais ? Quelques personnes l'appliquent au blé , d'autres aux fourrages : les uns à une récolte, les autres à d'autres récoltes. Il y a eu dans le midi de l'Angleterre de grandes discussions sur le point de savoir si on doit appliquer le fumier dès l'automne à la récolte de blé ou aux fourrages vers la même époque. Enfin l'emploi de cet engrais aux trèfles, vers le milieu de l'été , a aussi de nombreux partisans , et presque dans tous les cas où ce dernier mode a été pratiqué, d'excellents résultats ont été obtenus. Je pousse , pour ma part cette dernière méthode plus loin encore, et au lieu d'appliquer le fumier de ferme au blé , au moment des semailles comme on le fait ordinairement, ou au trèfle vers la St-Jean , je l'emploie sur le trèfle à l'automne et même au printemps précédent. Cela faisant , je donne au trèfle une fumure complète qui lui permet de croître plus rapidement et en plus grande abondance, et développe dans le sol une bien plus grande quantité de racines. Le blé qui succède trouve dans ces racines transformées en engrais, plus d'éléments nutritifs que ne pourraient lui fournir les fumiers mis sur le trèfle à la St-Jean ou répandus en automne au moment de la semaille. Partout où ce mode a été employé, et il l'a été en divers lieux, il a produit d'excellents résultats. Des expériences sérieuses ont établi d'une manière péremptoire qu'il vaut mieux appliquer le fumier de ferme aux fourrages qu'au blé.

A proprement parler, il n'existe pas d'engrais artificiels. Il n'en est aucun dont on ne puisse indiquer la source première. Qu'est-ce que c'est , par exemple, que les os qui, dans ce pays surtout, sont considérés comme un engrais très-actif ? Vous les obtenez des animaux ; les animaux se nourrissent de végétaux, et tous les végétaux tirent de l'air et de la terre les éléments qui les composent. Vous usez encore du guano. D'où provient

le guano ? De matières fécales déposées en grande masse par
les oiseaux de mer ; ces oiseaux se nourrissent de poissons
qui, eux-mêmes, se nourrissent des végétaux de l'Océan ; les
végétaux de l'Océan, sous l'action de la lumière du soleil,
s'alimentent d'éléments minéraux et autres que cet Océan
contient ; en sorte que même le guano du Pérou a ses sources
premières dans les végétaux. J'ai ici un échantillon de viande
séchée provenant de Buénos-Ayres. Comment est-elle produite ?
Elle est fournie par de jeunes bœufs que l'on tue en grande
quantité purement et simplement pour en avoir les peaux, qui
font l'objet d'un commerce important avec l'Angleterre. Trente
ou quarante mille peaux de ces troupeaux sauvages sont, chaque année, importées dans ce pays. Ces animaux paissent dans
les prairies et les pampas de l'Amérique du Sud, et ils forment
leur chair des végétaux qui leur servent d'aliment.

Ici se pose naturellement la question suivante : quel est de
tous les engrais, le plus puissant et par conséquent le plus
précieux ? Si on soumet à l'analyse ceux de ces engrais qui,
en pratique, sont reconnus comme donnant le plus de bénéfices ; on trouve que ce sont ceux qui contiennnent en plus
grande abondance l'azote ou l'ammoniaque et le phosphate de
chaux.

Théoriquement, un engrais pour être parfait, devrait être
formé de tous les éléments qui composent les plantes ; mais en
pratique, cette perfection ne serait nécessaire qu'autant que
les sols que l'on cultive ne contiendraient aucun agent de végétation. Heureusement il n'en est pas ainsi. Les terres contiennent, en effet, en quantité plus ou moins suffisante, une
partie des substances nécessaires à la vie végétale ; ils renferment des silicates solubles, de la potasse, de la soude et autres
matériaux de ce genre. Dès-lors, l'engrais le plus utile
est précisément celui qui contient en plus grande abondance

les éléments nutritifs qui manquent le plus au sol que l'on cultive.

Il a été prouvé par de nombreuses expériences faites non seulement ici, mais en France, en Amérique et dans diverses autres parties du monde, que les corps qui contiennent le plus d'azote et ceux qui contiennent le plus de phosphate de chaux, constituent les engrais les plus puissants.

Nous avons vu déjà que, quelques précautions que l'on puisse prendre pour conserver ces engrais, il y a des déperditions inévitables et que, quoique l'on puisse, par un travail convenable du sol, tirer de l'air une grande quantité d'éléments utiles, il y a toujours des pertes importantes; nous avons vu enfin que, dans quelques cas exceptionnels, une fumure suffisante peut, par une culture convenable, être obtenue de l'air sans aucune importation d'engrais provenant d'autres sources. Or les éléments que l'on s'efforce de conserver, ceux que l'on tend à obtenir sont précisément le phosphate et l'azote, ce sont ces mêmes éléments que les engrais doivent surtout contenir pour être vraiment utiles.

On a employé, sur une grande échelle, la potasse et la soude, mais ces agents n'ont pas, que je sache, produit des effets qui aient été sensibles et de longue durée, excepté le sel toutefois, dont je parlerai bientôt. On a aussi employé des silicates de soude et autres matières dont on a fait grand bruit, mais il n'en est pas dont les effets salutaires aient été aussi généralement constatés que ceux produits par les agents dont j'ai parlé plus haut.

En parlant des fumures, nous devons considérer successivement chaque espèce de récolte en commençant par les turneps, et rechercher quels sont les engrais qui leur conviennent le mieux.

Si l'on en croit les expériences faites jusqu'à ce jour, les os

constituent pour les turneps l'engrais le plus actif. Longtemps
on a dû, pour obtenir un effet très-sensible, employer par acre
une grande quantité d'os ; lorsque la récolte était enlevée, on
en trouvait dans le sol ou à la surface une grande partie complètement intacte et n'ayant pas conséquent exercé aucune
action sur ce sol. Ce fut le célèbre Liébig qui découvrit que si
les os étaient rendus plus facilement solubles, ils produiraient
sur le sol un effet plus actif et nécessiteraient moins de dépenses. Il conseilla de les rendre solubles par un procédé déjà
connu des chimistes. Les os peuvent être dissous d'une multitude de manières ; l'une d'elles, l'emploi de l'acide sulfurique
connu depuis 60 ans, fut celle que Liébig recommanda. Il
conseilla donc d'attaquer les os par l'acide sulfurique, de telle
façon qu'une partie de la chaux fût dissoute et que l'acide
phosphorique fût rendu libre. Ce conseil a généralement été
suivi ; et je crois qu'aucune découverte chimique n'a produit
des résultats aussi utiles à l'agriculture que celle pourtant fort
simple de Liébig. Par ce moyen, en effet, au lieu de jeter sur
le sol des quantités considérables d'os (ce qui pourrait être
très-avantageux au propriétaire) on peut n'y mettre, à un
centime près, que juste la quantité nécessaire à la récolte que
l'on veut obtenir.

Ce serait commettre une hérésie, aujourd'hui, que de confier
à un sol les engrais qui doivent lui suffire pendant neuf ou dix
ans, et cela faisant, de perdre l'intérêt de son argent pendant
tout ce laps de temps. Autant vaudrait, par exemple, mettre
250,000 francs chez un banquier et les laisser là dix ans, simplement parce que chaque année on pourrait avoir besoin de
25,000 francs. On perdrait ainsi, chaque année, et au profit
de ce banquier, plusieurs mille francs d'intérêts.

L'introduction des engrais artificiels a inauguré pour l'agriculture une ère nouvelle. Les négociants, on le sait, font

3

rentrer leur argent toutes les trois semaines et ils veillent avec le plus grand soin à ce que chacun des sous, pour ainsi dire, qui composent leur capital, produise un bénéfice ; c'est ainsi qu'il en doit en être désormais pour l'agriculteur intelligent. Si vous suivez l'ancien système quand vous avez sous la main les moyens de déterminer exactement combien il vous faut d'engrais, vous ne ferez que dilapider votre capital et perdre vos intérêts. Vous pouvez produire des récoltes quelconques en suivant la nouvelle méthode. Ne serait-ce pas folie, que de confier d'un seul coup à une terre, toute la fumure nécessaire à quatre ou cinq récoltes successives ? Alors surtout que cette terre est sujette à toutes les vicissitudes des saisons pluvieuses, alors que chacun des éléments solubles que vous y avez déposés, court mille chances pour une d'être emporté loin d'elle. Au lieu d'employer, comme cela était autrefois nécessaire, 3 à 4 hectolitres d'os, un hectolitre de cette substance attaquée et rendue soluble par un tiers de son poids d'acide sulfurique, produira, je ne dirai pas une égale, mais bien meilleure récolte, et l'action produite se fera encore sentir sur les récoltes suivantes.

Les engrais artificiels réalisent encore des avantages sérieux à un autre point de vue. L'on n'est pas toujours tenu de faire manger sur place tous les turneps dont on dispose ; souvent au contraire, on est conduit à en emmagasiner une bonne partie ; si donc un champ d'orge, par exemple, n'a pas au printemps, faute d'une fumure suffisante, une apparence satisfaisante, on peut aujourd'hui par une application convenable d'engrais artificiels restaurer son champ, tandis que jusqu'à ce jour, on était obligé de l'abandonner à sa propre destinée. Un peu de guano ou de nitrate de soude, mélangé à du sel ordinaire (environ 3/4 de quintal de guano ou de nitrate et quatre quintaux de sel commun) produiront un effet immédiat, soit sur un orge, soit sur un blé qui, au printemps, serait dans de mauvaises conditions de venue.

Enfin, Messieurs, les engrais artificiels permettent encore la culture de surfaces montagneuses considérables et qui, jusqu'à ce jour, n'avaient pas pu être cultivées utilement, ni sans grandes difficultés, en raison des dépenses importantes que nécessitait le transport des fumiers; et je n'ai pas besoin de vous dire, que si on obtient 50,000 kilogrammes de turneps à l'hectare, cette récolte est suffisante pour garantir le succès des quatre récoltes suivantes. Dans le Wiltshire, et autres localités du Sud, l'introduction des engrais artificiels a été une planche de salut. Dans ces districts, certains fermiers que je connais intimément, payaient des fermages très-élevés pour les terres basses; plus faibles, il est vrai, pour les terres hautes : la moyenne de la rente y était cependant élevée.

Les montagnes y sont plus abruptes que dans ce pays; il était, sinon impossible, du moins très-difficile de les cultiver; mais depuis l'introduction des engrais artificiels, depuis que l'on a pu appliquer le guano, les phosphates et autres engrais de ce genre, les agriculteurs ont pu obtenir de grandes quantités de turneps au moyen desquels ils ont pu élever des troupeaux de moutons dont le nombre s'accroît chaque jour. Je n'ai pas entendu depuis trois ans émettre le moindre doute sur les résultats obtenus; les troupeaux sont dans un état prospère et, si vous pouviez, Messieurs, en faisant croître plus de fourrages, élever un plus grand nombre de bestiaux, si vous pouviez augmenter la quantité de vos moutons, les vendre à un bon prix et vous défaire de vos laines à raison de 17 ou 18 pences (une pence vaut 10 cent.) la livre, je crois que les craintes manifestées dernièrement sur la décadence de l'agriculture anglaise seraient manifestement chimériques et mal fondées.

Je vous ai donné, je l'espère, des indications assez précises
sur l'engrais le plus propre à la culture du turneps. Je passerai
maintenant à la culture du blé. D'une manière générale on peut
dire que les engrais les plus favorables à la culture du blé sont
ceux qui renferment de l'ammoniaque ou de l'azote avec une
certaine quantité de phosphates. Ces engrais doivent être appliqués avec prudence à cause de leur tendance à produire la
verse. Pour prévenir cet inconvénient, je conseille l'emploi du
sel ordinaire. Le sel ne provoque pas une grande vigueur de
végétation. Son action principale est de donner de la force à la
tige du blé. Dans le Licolnshire, on verra rarement le blé verser
sur les marais salants. Deux quintaux de guano et quatre
quintaux de sel constituent une excellente fumure pour un acre
de blé.

Il résulte des expériences faites par le professeur Kulhmann
au sujet de l'application des engrais aux plantes fourragères,
que le produit obtenu est en raison directe de la quantité
d'ammoniaque ou d'azote employée. En ce qui concerne le foin
ou le trèfle, on n'a pas à craindre l'excès de croissance ; plus
on emploiera des engrais contenant de l'azote et plus l'abondance de la récolte sera grande. Le professeur Kulhmann a
essayé sur les fourrages, les eaux gazeuses, le nitrate de soude,
l'ammoniaque, les os dissous et une multitude d'autres engrais ;
préalablement ; il avait constaté par des analyses la quantité
d'azote que ces matières contenaient. L'accroissement de la
récolte obtenue s'est toujours trouvé en proportion directe de
l'azote contenu dans l'engrais employé. Ses expériences ont duré
deux ou trois années, elles n'ont pas seulement eu lieu sur la
première coupe, mais encore sur la seconde ; et dans l'une et
l'autre, l'augmentation a été proportionnelle à la richesse en
azote des engrais. J'ai moi-même fait diverses expériences dans
les plaines de Dorsetshire au moyen d'engrais ammoniacaux ;

partout, j'ai constaté un accroissement considérable de récolte. Je mentionne tous ces faits, parce qu'ils vous conduiront, je l'espère, à avoir dans la science une confiance plus grande que celle que vous lui avez accordée jusqu'à ce jour; et qu'ils vous amèneront aussi à vous renseigner sur la nature des engrais que vous aurez à employer.

Pour terminer cette première conférence, je vous dirai quelques mots sur la falsification des engrais. Le bon guano doit contenir de 16 à 17 p. 0/0 d'ammoniaque, et de 25 à 30 p. 0/0 de phosphate de chaux. Je parle du guano du Pérou. On apporte dans ce pays une multitude d'autres guanos : je vais vous dire à quel prix on les vend. J'ai soumis à l'analyse des centaines d'échantillons de guanos qui se sont vendus sur le marché de 200 à 225 francs les 1,000 kilogrammes; mais ils ne valaient pas, en réalité, le tiers de cette somme pour les acquéreurs. Je dois vous prévenir que si vous achetez votre guano ailleurs que vers des négociants d'une probité reconnue, il y a mille à parier contre un que vous serez trompés. Plusieurs d'entre vous, j'ai tout lieu de le craindre, ont appris cette vérité à leurs dépens. Je vous engage également à faire vos commandes plus tôt avant la Noël qu'après, parce que après la Noël, il y aura plus d'incertitude encore sur la qualité du guano qui pourra vous être livré. Les vaisseaux à cette époque ne peuvent plus arriver, et si les négociants connaissent approximativement les demandes qui leur sont faites, il leur sera plus facile de s'approvisionner.

La falsification du guano est portée à un point extraordinaire. J'étais l'autre jour à Newcastle, et je puis vous assurer qu'il y a dans cette ville une manufacture établie spécialement pour falsifier un guano qui est ensuite envoyé dans ces contrées, ainsi qu'à Hull et Stockton et autres lieux. Des milliers de tonnes sortent de cette manufacture; elles sont envoyées au loin pour empêcher que la fraude soit découverte. Ces articles falsifiés auxquels on ajoute un peu de guano véritable pour conserver l'odeur, sont acquis par les cultivateurs qui aiment à acheter un peu au-dessous du cours et qui sont ainsi honteusement volés. Tout cultivateur qui cherchera à acheter des engrais à bas prix peut être certain qu'il sera trompé, parce qu'il trouvera toujours des gens qui sauront vendre à ce bas prix des engrais falsifiés. Seulement, il aura à payer quelque chose comme 50 p. 0/0 en sus de la valeur des mélanges. Si un engrais a une valeur quelconque, il faut le payer ce qu'il vaut. Les engrais les moins chers sont aussi ceux qui ont la valeur agricole la plus faible. Si on pouvait obtenir un engrais assez concentré pour que sa valeur intrinsèque fût de 1,500 fr. la tonne, il serait bien plus profitable aux agriculteurs que le bon guano lui-même, car le prix de son transport serait sensiblement diminué et son petit volume serait la source d'une multitude d'avantages.

Je ne saurais donc trop vous engager à être excessivement circonspects dans vos acquisitions d'engrais artificiels. Je suis très-souvent appelé à faire à l'Institut des analyses d'engrais et je serai toujours heureux de pouvoir vous prêter mon concours quand vous désirerez être fixés sur la qualité d'un engrais quelconque.

Je vous conseille encore de ne jamais acheter des engrais ailleurs que vers des négociants d'une réputation et d'une probité parfaitement établies. N'achetez jamais à bas prix parce qu'en le faisant, vous êtes sûrs d'être trompés. La quantité de guano qui, chaque année, est fabriquée ne peut pas être évaluée à moins de 20 ou 30 mille tonnes et j'estime que la perte annuelle qu'entraîne cette fraude et que supportent les cultivateurs n'est pas au-dessous de 250,000 francs.

La falsification des engrais est d'ailleurs d'une importance assez majeure pour qu'elle doive former l'objet d'une autre conférence.

CHAPITRE II.

DE LA FALSIFICATION DES ENGRAIS ARTIFICIELS ET DES MÉTHODES POUR LA DÉCOUVRIR.

Le sujet que je me propose de traiter ce soir est un des plus importants qui puissent être portés en ce moment à la connaissance des agriculteurs.

Le temps est passé où les cultivateurs devaient seulement compter, pour la fumure de leurs terres, sur les fumiers qu'ils obtenaient dans leur exploitation. Par l'analyse des engrais employés en culture, on est parvenu à découvrir que certaines substances constituent les principaux agents de fertilisation; et comme vous le savez sans doute, un grand nombre de ces agents obtenus directement dans les manufactures ou importés du dehors, tels que les nitrates de soude ou le guano, sont employés maintenant pour accroître la production. Il est donc de la plus haute importance que ces agents soient transmis aux agriculteurs dans un état complet de pureté, et que si des falsifications y ont été introduites, vous ayez les moyens de les découvrir facilement, afin d'éviter ainsi des pertes considérables.

Je vais chercher, Messieurs, à vous montrer dans cette séance en quoi consistent les bons engrais et quels en sont les principaux constituants. Je vous ferai ensuite l'histoire complète des falsifications dont ils ont été l'objet, et je vous dirai où et comment elles se pratiquent. Je m'abstiendrai toutefois de citer des noms propres; il ne serait pas prudent d'agir ainsi;

mais j'entrerai sur ce sujet dans de tels détails que chacun d'entre vous sera conduit, je l'espère, à devenir très-circonspect sur la provenance des engrais qu'il achète.

Examinons tout d'abord en quoi consiste la valeur des engrais. Il est évident que si les engrais concourent à fournir et à dégager les éléments des récoltes et tendent à produire l'abondance, toutes les matières qui les composent ne contribuent pas au même degré à ce résultat, mais seulement un ou deux de leurs constituants. Vous savez tous que l'unique source des engrais était autrefois le fumier de ferme. Le fumier de ferme est le résultat de la décomposition de matières végétales tirées du sol et de l'air, les végétaux puisant une partie de leur nourriture dans l'air et l'autre partie dans le sol, et ces deux parties se combinant sous l'action de la lumière du soleil. Quand ces substances végétales sont confiées à la terre, soit qu'elles aient été mangées par des moutons ou par d'autres animaux, soit qu'elles aient été enfouies directement dans le sol, on place dans le sol certains éléments destinés à la nutrition des plantes. En d'autres termes, les matières qui autrefois ont servi à alimenter la vie végétale, l'alimentent encore après qu'elles ont subi une décomposition suffisante.

S'il en est ainsi, nous devons rechercher quels sont ceux des éléments ainsi trouvés dans les engrais et dans la récolte qui ont le plus de valeur. Je n'ai pas besoin de vous dire que la valeur en argent d'une chose dépend beaucoup de la difficulté que l'on a de l'obtenir. Si l'on trouvait le diamant comme l'on trouve les cailloux sur une route, il n'aurait certainement pas plus de valeur que ces cailloux; c'est la difficulté que l'on éprouve à l'obtenir qui élève autant son prix.

Dans le fumier de ferme nous trouvons en premier lieu une grande quantité d'eau. Les déjections des animaux qu'on emploie comme fumiers et qui sont si appréciées des cultivateurs,

contiennent 70 , 80, et dans quelques cas jusqu'à 90 p. 0/0
d'eau ; il est évident que cet élément nous étant fourni en
abondance par l'air, sous la forme de pluie et de rosée , il ne
doit pas être regardé comme étant très-précieux. C'est précisément le contraire , plus l'engrais contient d'eau , moins il a
de valeur. Continuons : quelles sont après l'eau les matières
qui ont le moins de valeur? Nous avons d'abord les matières
carbonées ou simplement ligneuses. Elles sont indispensables
quand on cultive sur une grande échelle, et, en confiant au
sol une fumure de 50 à 70 charges de fumier par hectare, on
lui donne une quantité suffisamment grande de matières carbonées pour influer notablement sur le champ. En agissant
ainsi, on fait une bonne opération ; mais quand vous employez
sept quintaux de guano, au lieu de 50 ou 70 charges de fumier
de ferme, l'effet égal que produit le guano doit être attribué
à d'autres éléments que les éléments carbonés. Ces éléments
n'agissent pas seuls, puisque la proportion qu'en contient le
guano est très-petite. Une tonne de guano ne renferme que
huit ou neuf quintaux de matières carbonées qui ne peuvent
pas être l'agent principal de la fumure ; et quoi qu'il puisse
être utile de les confier à la terre, soit en les enfouissant, soit
en les appliquant sous forme de paille, on ne saurait leur
attribuer une valeur importante ; elles sont simplement équiva-
lentes à une quantité égale de sciure décomposée et ne produiront pas d'autre effet que l'emploi de cette sciure. Quand je
parle de matières carbonées , je n'entends pas parler de matières
carbonisées, parce que dans ce dernier cas un changement s'est
opéré et la matière a acquis d'autres propriétés. Je le répète
donc, on ne doit pas attribuer une grande valeur aux simples
matières ligneuses. On trouve encore du sel commun dans le
fumier de ferme, on en trouvera peut-être un p. 0/0 ; mais
cette quantité est trop petite pour que sa présence donne au

fumier une grande valeur. Je pourrais passer en revue divers autres agents; mais cette étude me conduirait à démontrer que l'azote et le phosphate de chaux constituent les éléments les plus précieux dans les engrais artificiels.

Maintenant, le fumier de ferme, autant que j'ai pu en juger par moi-même, et mon opinion a été corroborée par celle de plusieurs autres chimistes, contient rarement un p. 0/0 d'ammoniaque, quoique, il faut le reconnaître, l'on en trouve sensiblement plus quand le fumier provient d'animaux qui ont été substantiellement nourris. Ce fait vous explique pourquoi vous êtes obligés de mettre sur le sol d'aussi grandes quantités d'une fumure peu concentrée.

Il y a d'autres engrais qui contiennent de l'ammoniaque en bien plus grande proportion, tels sont le guano, les vidanges d'égoûts et les urines. De nombreuses analyses m'ont donné pour le guano une quantité d'azote correspondante à 17 p. 0/0 d'ammoniaque. Or, l'azote, soit sous la forme d'ammoniaque, soit sous la forme de nitrate, est le plus important et le plus cher des constituants des engrais. Le guano Péruvien contient aussi de 18 à 22 p. 0/0 de phosphate de chaux, c'est là une substance qui a aussi une grande valeur et qui est particulièrement profitable aux turneps, sous la forme de superphosphate de chaux. Il a été démontré par l'analyse que le turneps contient une grande quantité de phosphate de chaux. Quand on sème des turneps sans avoir fumé avec cette substance, ils viennent à peine gros comme les radis, tandis qu'avec une quantité suffisante de phosphate de chaux on obtient de 50 à 70,000 kilos par hectare.

C'est donc de la présence de l'ammoniaque et du phosphate de chaux que dépend principalement la valeur d'un engrais et quand vous connaîtrez la quantité de ces substances qui existent dans un engrais donné, vous pourrez vous faire une idée assez exacte de sa valeur. Vous pouvez compter la valeur de l'ammoniaque, dans le guano et les autres substances qui le contiennent, sur le pied de 1 fr. 20 par kilogramme. C'est la valeur que lui ont assignée divers chimistes. De sorte que, si vous avez l'analyse du guano et que vous multipliiez chaque kilogramme d'ammoniaque qu'il contient par 1 fr. 20, vous aurez la valeur totale de l'ammoniaque contenu dans ce guano.

On peut compter le phosphate de chaux à raison de 10 à 12 centimes par kilogramme, il peut valoir un peu plus dans certains cas, mais le prix que je donne est moyen, et personne, en l'adoptant, n'aura le droit de se plaindre. Quant aux autres éléments que contient le guano, il est très-facile de déterminer leur valeur. Tout le monde connaît le prix du sel, et si un guano contient par exemple 4 p. 0/0 de sel, il sera facile d'en établir la valeur; je ne m'arrête pas davantage sur ce point. On trouve aussi l'acide sulfurique dans le guano et dans d'autres engrais et il n'est pas difficile non plus d'évaluer le prix de cette substance. Il convient toutefois de ne pas déduire ce prix de certains corps qui contiennent l'acide sulfurique et ont sur le marché une valeur élevée, mais bien des matières qui n'ont pas une valeur considérable comme le sulfate de chaux ou gypse. Le gypse coûte environ 25 à 30 francs par 1,000 kilogrammes, en sorte que la petite quantité d'acide sulfurique contenue dans le guano ne peut pas être d'une grande valeur.

Je le répète donc, vous pouvez sans difficulté vous rendre un compte assez exact de la valeur commerciale d'un engrais quelconque. Je ne dis pas parfaitement exact, mais assez pour le but que l'on veut atteindre, sa composition étant connue, bien entendu, car sans cela il sera toujours impossible d'évaluer la valeur d'un engrais.

Avant de quitter la question du guano, je parlerai et de son origine et de ses sources. Le guano est formé par les excréments de certains oiseaux qui se sont nourris de poissons ; le guano n'est pas spécial à un point déterminé du globe ; il n'est pas exclusivement restreint à l'Amérique du Sud, mais on le trouve à toutes les latitudes et partout où de grandes nuées d'oiseaux se rassemblent et déposent leurs excréments, et où la pluie et le vent ne peuvent emporter ces dépôts. Dans plusieurs lieux, cet engrais est maintenant recueilli à la main et, au lieu de le laisser s'amonceler, des ouvriers sont employés à le réunir année par année. Il se dépose en quantité suffisante pour que cette opération soit lucrative. On trouve dans le guano nouvellement déposé et dans certains cas plus de 20 p. 0/0 d'ammoniaque. Quant aux guanos provenant de l'île de Chincha et d'autres îles de la côte du Pérou et de la Bolivie, ils ont été déposés depuis les temps les plus reculés. Il y a des siècles qu'on emploie le guano à la culture du sol dans le Pérou et il a toujours produit d'excellentes récoltes. C'est en fait simplement des excréments d'oiseaux ; mais cette substance naturelle peut varier considérablement dans sa composition. Là où il y a peu ou pas de pluie, on l'obtient dans un état complet de pureté ; mais dans les îles placées au nord ou au sud des latitudes sèches, on le trouve plus ou moins détérioré par les eaux. Les éléments solubles sont dans ce cas diminués d'une manière notable, les sels amoniacaux sont à un haut degré délavés et la quantité des éléments insolubles est considérablement augmentée. Cet effet est saillant pour le guano de la baie de Saldanha, dans lequel, au lieu de 14 et 16 p. 0/0 d'ammoniaque, on ne trouve que 1 et 1 1/2 ou 2 p. 0/0 de cette matière et 15 à 16 p. 0/0 de phosphate de chaux (substance qui n'est pas très-soluble dans l'eau).

Il est donc bien clair que le guano provenant de différents points du globe diffère beaucoup suivant les influences auxquelles il a été exposé. Les guanos tirés d'une même île

peuvent varier de qualité. Ceux qui ont été plus exposés sont
d'une qualité moindre que ceux qui auront été recouverts et
préservés de l'action atmosphérique.

. L'ammoniaque et les autres composés solubles d'azote agissent sur les plantes de la même manière ; ils produisent une
croissance très-abondante, il faut par conséquent en user avec
une grande prudence et beaucoup de jugement, spécialement
pour la culture du blé. Un grand nombre de cultivateurs ont
eu à subir de grandes pertes par suite de l'emploi de quantités
exagérées de guano ou de nitrate de soude sur des froments et
des orges qui, ayant été versés avant la récolte, se sont trouvés
en plusieurs circonstances totalement perdus. Pour les plantes
fourragères et les autres plantes qui ne redoutent pas une
végétation luxuriante, ces engrais peuvent être employés avec
avantage et en plus forte proportion, et l'augmentation de récolte est presque toujours proportionnelle à la quantité d'azote
contenue dans l'engrais, en admettant toutefois que le sol soit
convenablement pourvu d'agents minéraux. Kuhlmann a fait
de très-intéressantes expériences sur des prés auxquels il avait
appliqué, en quantités connues, des nitrates de soude et des
sulfates, et autres sels d'ammoniaque. L'augmentation de la
récolte était toujours en raison directe de l'azote employé.
Par exemple, 20 kilogrammes d'azote par hectare employés
sous forme de nitrate de soude ou de sulfate d'ammoniaque,
donnèrent un accroissement deux fois plus considérable que
celui produit par 10 kilogrammes d'azote sur la même surface.
C'est là un fait fort important et dont on pourra profiter pour
accroître la quantité des fourrages verts, et par là augmenter
les troupeaux de la ferme.

Comme le sel commun a pour conséquence directe de
fortifier la paille des céréales, on l'emploiera très-judicieu-
sement dans ce but avec le guano et le nitrate de soude.

Les chances de la *verse* seront par ce moyen grandement
diminuées. Un mélange de 200 kilogrammes de sel et 40 à
50 kilogrammes de nitrate de soude par hectare, formera une
excellente fumure de printemps, sur les terres légères, pour
les blés ou les orges en état de souffrance. 100 kilogrammes
de guano du Pérou et 200 kilogrammes de sel forment aussi
une excellente fumure pour les terrains les plus forts.

Les os sont un des meilleurs engrais artificiels connus, je le dis
hardiment. Que l'os doive être productif comme engrais, cela
ressort de la simple considération suivante : Les animaux se nou-
rissent de végétaux et leur corps ne se développe qu'au moyen
des éléments puisés dans ces végétaux. Si la nourriture ne
contenait pas de phosphate de chaux, leur charpente osseuse
ne pourrait pas se former; si le sol dans lequel les végétaux
ont crû ne contenait pas de phosphate de chaux, les graines
de ces végétaux ne pourraient pas mûrir.

Admettons que les terres arables de ce pays aient été privées
depuis mille ans de phosphate de chaux et qu'elles n'en aient
pas reçu depuis, admettons que cette matière ait été continuellement exportée sous forme de lait, de fromage, de
viande, etc..., il est clair qu'à moins que la terre n'ait contenu
primitivement une quantité illimitée de phosphates, ce qui
n'existe pas, il y aurait eu une diminution progressive de cette
substance. De là vient que, quand certaines substances après
avoir été soutirées pendant une longue période ont été subite-
ment rendues au sol, les terres qui valaient à peine 15 francs
de fermage par hectare se sont élevées à 50 francs, et qu'il y
a eu une augmentation énorme en récolte. Pendant longtemps
par exemple on a privé les terres de gypse, et quand cette
matière est devenue en usage, son application au sol a produit
des résultats miraculeux. De même, lorsqu'on employa pour
la première fois des os dans ce pays, leur effet fut merveilleu-

sement remarquable. Les os sont précieux sous deux rapports :
par le phosphate de chaux qu'ils contiennent et par l'azote qui
se convertit en ammoniaque, quand les os se décomposent dans
le sol. Quelques chimistes prétendent que les os contiennent
6 p. 0/0 d'azote, mais ce n'est pas là ce que j'ai obtenu pour
aucun de ceux que j'ai analysés. 4 p. 0/0 doivent être plus
près de la vérité.

Parlons tout d'abord de la falsification des os, je parlerai
ensuite de celle du guano. Les os ne sont pas reçus par vous
dans leur état primitif et entier, dans cet état ils ne seraient
pour vous que d'une faible utilité. Comme cultivateurs, vous ne
possédez pas de moulin propre à leur pulvérisation et vous êtes
obligés de les confier à d'autres personnes pour les mettre en
état d'être appliqués à la terre. Tout irait bien si les personnes
qui pulvérisent les os ne pulvérisaient rien autre avec ; mais il
arrive qu'une foule de choses sont moulues en même temps,
de façon que les cultivateurs achètent un article falsifié, en
apparence à meilleur prix, mais en réalité beaucoup plus cher
que celui qu'aurait pu coûter un article parfait. Je parle d'après
ma propre expérience quand je dis que les os moulus à Londres
et dans un grand nombre d'autres lieux, sont souvent mélangés
à une grande quantité de coquilles d'huitres ; ces coquilles ont
la propriété de se diviser en fragments très-petits, et, à moins
que l'on ne prenne des verres grossissant dans le but spécial
de les découvrir, il est impossible de constater que l'on a
acheté un article sophistiqué. On y trouve fréquemment de 20
à 25 p. 0/0 de ces matières étrangères, et naturellement tant
que les cultivateurs se confieront aux marchands dont ils ne
connaissent pas la probité, et qu'ils feront du prix la seule
condition de leur achat, ils devront s'attendre à acheter des
coquilles d'huitres au lieu d'os. Mais ce n'est pas là la seule
matière que l'on emploie pour les falsifications. Des cendres

lessivées et des matières sablonneuses ou terreuses y sont aussi
introduites. Les coquilles d'huitres et les cendres lessivées
contiennent une grande quantité de carbonate de chaux. Si
donc le cultivateur fait lui-même son superphosphate de chaux,
il supportera une double perte, car jusqu'à ce que tout le
carbonate de chaux ait été décomposé par l'acide, aucun
superphosphate n'est formé ; et comme le carbonate de chaux
ou la craie réclame environ son propre poids d'acide sulfurique
pour dégager l'acide carbonique, il s'ensuit qu'une tonne d'os
falsifiés avec 25 p. 0/0 de coquilles d'huitres ou autres matières,
nécessite cinq quintaux supplémentaires d'acide sulfurique pour
neutraliser la chaux avant qu'aucun superphosphate puisse être
formé.

Un autre engrais a été dernièrement mis en usage, ou au
moins chaudement recommandé au public : je veux parler de
la tourbe carbonisée. On a fait quelques essais de cette matière,
mais ils ne sont pas en assez grand nombre pour démontrer
toute son efficacité et établir jusqu'à quel point elle est utile au
progrès de la culture. Probablement cependant la tourbe sera
reconnue comme un excellent auxiliaire et sera largement employée, si on peut l'obtenir à un prix raisonnable. Ce charbon
a, comme tous les autres charbons en général, une puissance
considérable d'absorption ; on peut l'employer utilement aux
vidanges, dont il neutralise les émanations nuisibles. Mais dans
son emploi avec les vidanges, il est un fait qu'il est spécialement
nécessaire de signaler, savoir : qu'un peu d'acide sulfurique
doit être mêlé au charbon quand on le retire, car autrement
il n'y aurait qu'un dégagement fort lent de l'ammoniaque
primitivement absorbé. Ce fait provient de l'action graduelle
de l'air qui replace l'ammoniaque dans les pores du charbon au
fur et à mesure que la vapeur d'eau est dégagée ; il sera facile
d'arrêter cette action au moyen d'une certaine quantité d'acide

sulfurique. Il est difficile de calculer la valeur des vidanges et
des urines à cause de la grande quantité d'eau qu'elles contiennent. Si on pouvait les obtenir à l'état sec, elles feraient peut-
être les substances du monde les plus précieuses ; et, si l'on
pouvait par un moyen quelconque, par exemple en les faisant passer à travers du charbon, se débarasser des matières
aqueuses, le problème serait résolu ; mais il est difficile d'obtenir ce résultat en les mélangeant simplement avec du charbon.
Il résulte d'expériences que j'ai faites que le charbon de tourbe,
quand les urines ont filtré au travers, contient, quand il a
subi l'action de l'acide sulfurique, de 4 à 5 p. 0/0 d'ammoniaque, ce qui constitue un excellent engrais. Il n'y a pas de
doute que si cette substance était mise sous les grillages des
étables de mon ami Mechi, et si les matières fécales qui passent à travers ces grillages pouvaient tomber sur la tourbe, cet
engrais carbonisé produirait de grands bénéfices aux agriculteurs. Je dois établir une distinction essentielle entre ces matières carbonisées et les simples matières organiques qui n'ont
pas la même puissance d'absorption. Si l'on prend un quintal
de paille et qu'on la carbonise, elle aura après cette opération
une bien plus grande puissance d'absorption qu'à l'état naturel.

Je parlerai maintenant de la nature et de l'étendue des falsifications auxquelles le guano et les autres substances de
même nature sont exposées. Nous avons vu clairement que la
valeur du guano et autres engrais artificiels dépend en grande
partie de la proportion d'ammoniaque et de phosphate de chaux
qu'ils peuvent contenir ; elle ne peut dépendre d'une quantité
quelconque de sable ou d'argile, ou de poussière de briques,
ou d'aucune matière de ce genre qu'on peut lui avoir incorporée,
et c'est un des principaux objets de ma leçon, de mettre d'une
manière palpable sous les yeux des agriculteurs, ici présents, l'indication de l'étendue effrayante à laquelle la falsi-

4

fication est portée maintenant. Quoi que je fasse, je n'atteindrai
jamais la réalité. Je me sens incapable de montrer la centième
partie de l'étendue actuelle du mal. Messieurs, vous êtes systématiquement volés. Ce n'est pas seulement le petit négociant
de campagne qui achète ses dix tonnes de guano, y mélange
quelques matières étrangères et le revend ensuite comme parfait; il y a des hommes qui font des cents et des mille tonnes de
matières propres à la falsification du guano, et qui les vendent
sur le marché dans le but avoué de servir à ces falsifications.
C'est un système qui prend naissance dans la capitale et qui
s'étend à tout le pays. Les trompeurs de campagne même sont à
leur tour trompés. Les gens qui viennent à Londres pour acheter
leurs engrais n'obtiennent le plus souvent qu'une substance
falsifiée, qui passe ensuite entre une demi-douzaine de mains
avant de parvenir au cultivateur; et quand enfin elle lui arrive,
elle est dans un état tel de falsification qu'à peine si l'on peut
découvrir quelques parcelles de matière pure. Le guano ne doit
pas contenir plus de 1 1/2 à 2 1/2 p. 0/0 de sable avec lequel
il doit y avoir au moins 20 p. 0/0 de phosphate de chaux et de 16
à 17 p. 0/0 d'ammoniaque et une considérable quantité de
matières organiques. Maintenant on peut acheter sur le marché
des guanos contenant 16 p. 0/0 d'ammoniaque, ce qui constitue un engrais parfait comparé à ceux qui en contiennent à
peine des traces. Cette quantité va progressivement en dimi-
nuant, jusqu'à ce qu'enfin on ait plus qu'un article qui ne
contient à peu près rien autre que notre bonne marne de la
plaine de Wanstead ou autres lieux, avec un peu de guano
pour conserver l'odeur spéciale à cet engrais. Une autre substance qui sert aussi à la falsification du guano est la marne de
Row common.

En réalité, tout le système de falsification est si bien approprié, que, sans une analyse, il est presque impossible au

cultivateur, ou au marchand de détail, de ne pas être trompé. Dans quelques cas, l'acheteur a vu son guano sortir du vaisseau qui l'a apporté et il se flatte d'*être assez rusé* pour ne pas s'être laissé voler; mais, homme infortuné, il n'a pas aperçu la marne d'Essex ou la tuile pilée cachée dans la barque, et qui ont pu facilement être mêlées au guano daus le trajet fait en rivière avant d'arriver au port désigné. Quelques négociants ont trois ou quatre ports de débarquement sur la rivière, et la même matière falsifiée est souvent envoyée au même acheteur comme des guanos de différentes provenances et à des prix différents. Naturellement, ces engrais si divers sont expédiés à l'acheteur de différents points. Les deux analyses suivantes donneront une idée des falsifications apportées aux engrais commerciaux. Le premier de ces engrais arriva sur le marché de Londres par un vaisseau venant de Liverpool, il fut offert par échantillon et comme étant pour les uns du guano du Pérou, à raison de 162 fr. 50 c. ou 175 francs par tonne, et pour les autres comme du guano de la baie de Saldanha, contenant 60 p. 0/0 de phosphate de chaux et au prix de 100 à 125 francs par tonne. Les échantillons étaient contenus dans des sacs de papier bleu ayant appartenu à des vaisseaux venus de Valparaiso. Environ 150 tonnes furent débarquées à Londres, la plus grande partie trouva son écoulement vers les cultivateurs de Hampshire, sans doute à leur grande satisfaction et à leur grand bénéfice. Le n° 2 fut offert à la vente comme du guano de la baie de Saldanha, à raison de 75 à 100 francs par tonne.

N° 1.			N° 2.		
Gypse.	74	05	Sable.	48	81
Phosphate de chaux.	14	05	Phosphate de chaux.	10	21
Sable.	2	64	Gypse.	5	81
Ammoniaque.	»	51	Argile.	22	73
Humidité et perte.	8	75	Humidité.	12	44
Total.	100	»»	Total.	100	»»

Maintenant je vais vous montrer quelques échantillons de
ces guanos falsifiés, car le moyen que l'on emploie pour trom-
per les acheteurs est vraiment ingénieux. Je prie les personnes
les plus aptes à apprécier, parmi mes auditeurs, de me dire
lequel de ces divers échantillons de guano est le meilleur
(M. Nesbit tend alors au président deux échantillons de guano
et le prie de dire, après examen, celui qu'il croira le meilleur.
Le président ayant choisi, le professeur continue), bien maintenant, celui que notre président a indiqué comme étant le
meilleur guano est un guano falsifié et il contient près de la
moitié de son poids de marne d'Essex. (Le professeur montre
alors une bouteille donnant directement la proportion de sable
qui existe dans les deux échantillons et leur rapport au guano
pur et faisant voir que celui que le président a indiqué comme
le plus parfait contient du sable et d'autres matières insolubles
pour plus de moitié.)

Dans le guano que notre président croyait être le meilleur,
il y a 52,8 p. 0/0 de sable, quoiqu'il ait été vendu comme
parfait.

Le mode employé pour le mélange de ces échantillons est
habile et remarquable, tout le guano et toute la marne ne sont
pas mêlés ensemble à la fois, mais les gros morceaux de guano
sont soigneusement choisis et séparés, les petits sont mêlés
intimement à la marne, et les gros sont ensuite placés à la
surface, de manière à ne pas être brisés. L'ensemble a ainsi
l'aspect du bon guano, car les morceaux les plus saillants du
mélange sont réellement du guano non falsifié. Voici un autre
spécimen de guano (il le montre) dans lequel j'ai trouvé
54 p. 0/0 de matières insolubles. Or, voici la proportion de
matières insolubles contenues dans le véritable guano, on en
trouve seulement 1, 8 p. 0/0. Souvenez-vous, Messieurs, que
le guano qui a le plus d'odeur n'est pas toujours le meilleur.

On ne peut ni à son aspect ni à son odeur reconnaître s'il est
pur. En fait, le seul moyen de découvrir la vérité, c'est l'a-
nalyse. Cependant, je vais vous indiquer un moyen de vérifi-
cation qui pourra vous servir tant que les falsificateurs em-
ploieront des matières pesantes, comme ils le font aujourd'hui.

Si vous prenez 500 grammes du meilleur guano et autant de
guano falsifié et que vous mettiez chacun d'eux dans des tubes
de mêmes dimensions, vous verrez que le guano falsifié s'élé-
vera à une moins grande hauteur que le guano pur; voici un
exemple : (Le professeur montre deux tubes contenant respec-
tivement le même poids de guano pur et de guano falsifié. Le
premier atteint dans le tube une hauteur plus grande que le
dernier. La présence du sable est en même temps annoncée par
le peu d'espace qu'il occupe.)

Il faut maintenant que je vous dise quelques mots de l'article. Les matières propres à la falsification sont connues dans
le commerce sous le nom de l'article. On peut l'acheter dans
ce but à raison de 12 fr. 50 à 20 francs la tonne. Il y a un
escompte de 10 ou de 20 p. 0/0. Je tiens dans mes mains,
Messieurs, 500 grammes de l'article. (Le professeur montre
dans un tube 500 grammes d'article et dans un tube semblable
500 grammes de guano pur). Vous voyez que l'article a une
piètre apparence à côté du guano pur. Remarquez la quantité
de silice qu'il contient et jugez jusqu'à quel point la falsification
est poussée ! J'appelle autant qu'il est en mon pouvoir l'attention de toutes les personnes ici présentes sur ce système de
falsification pratiqué en grand. Il n'est pas, vous le voyez,
restreint à quelques petites fabriques, mais le commerce de ces
matières constitue une branche aussi régulière d'affaires dans
la métropole que le commerce du guano lui-même. D'où cela
vient-il ? Quelle est la cause de toutes ces falsifications ? On le
doit en grande partie à la lésinerie des cultivateurs qui mar-

chandent et ne veulent pas laisser le moindre bénéfice aux vendeurs. Ces cultivateurs ont ainsi forcé les marchands qui sans cela seraient peut être restés honnêtes à vendre un objet semblable à ceux que j'ai montrés.

Ce n'est pas acheter à bon marché, mais bien à très-mauvais marché, car, qu'on veuille l'observer, il est impossible à un industriel de falsifier à un faible degré, par exemple à 10 p. 0/0, il ne s'en tirerait pas. En premier lieu, il faut qu'il achète une matière déjà préparée, qu'il lui donne l'aspect du guano, et qu'il la mélange au guano lui-même. Tout ce travail est coûteux, chacune de ces mains-d'œuvre avec un profit à ajouter à chacune d'elles, est payée par le cultivateur qui achète la matière falsifiée au lieu du véritable guano. Il est probable qu'il ne peut pas recevoir en retour de son argent plus d'un tiers ou un quart de guano, et tout le reste est du sable, de la tuile pilée ou de l'argile dont le transport reste en outre à sa charge. J'ai souvent émis l'opinion que s'il était possible aux chimistes de concentrer les engrais de manière à les amener à valoir 1,250 francs la tonne, ils rendraient un grand service à ceux qui les emploient. Si le guano par exemple pouvait être concentré au quart de son volume et de son poids, il serait pour cette raison le plus précieux des engrais, puisque son volume étant réduit, le prix du transport serait quatre fois moins élevé. Je reviens à mon sujet, j'observais qu'un négociant ne pourrait pas falsifier au faible degré de 10 p. 0/0, je dirai même de 20 p. 0/0; aussi ne se bornent-ils pas à cette proportion. Les guanos falsifiés se vendent à 125, 150 et 200 francs par tonne. Le meilleur de tous est falsifié à plus de 40 p. 0/0, et dans quelques cas la falsification va jusqu'à 60 et même 80 p. 0/0.

Il vous reste, Messieurs, à faire vos efforts pour arrêter cette fraude. Je ne puis indiquer aucun moyen pratique de la

découvrir autre que celui que je viens de donner, savoir :
l'observation des différents degrés de densité, soit le volume
des échantillons.

Je dois vous dire que même en achetant de première main,
il est possible que vous soyez trompés. Je mentionnerai à ce
sujet l'opinion de M. Anderson, et son avis vous montrera que
même les personnes qui désirent vendre du guano pur sont
souvent trompées elles-mêmes. Dans un article sur le guano,
publié dans le journal de la Société royale des Highlands, il
dit : « Tous les risques et toutes les incertitudes auxquels les
« fermiers sont sujets pourraient disparaître si ces acheteurs
« abandonnaient leur manie du guano à bon marché, s'ils
« l'achetaient auprès de gens d'une probité établie et s'ils exi-
« geaient que leur achats fussent garantis pour être de la
« même composition que celui d'un échantillon préalablement
« analysé par un chimiste éprouvé. Il doit être bien entendu
« que toutes ces précautions sont indispensables, car on va
« jusqu'à vendre sur des analyses fictives ; et je connais des
« marchands de la plus grande honorabilité et au-dessus de
« tout soupçon, mais ayant l'habitude d'acheter et de vendre
« sans analyse, qui sont innocemment devenus l'instrument
« de l'introduction dans le commerce de matières falsifiées. »
Je dis donc que même des personnes honorables peuvent être
trompées. Il y a des commerçants qui, je le sais, rougiraient
soit de falsifier une matière, soit de vendre comme des meilleures
une matière qu'ils sauraient ne rien valoir ; mais ces hommes
mêmes peuvent être trompés.

Un autre moyen qui peut vous préserver des fraudes, c'est
d'acheter de première main auprès de gens qui ont une *réputation à perdre* et qui, par conséquent, ne se livreront probablement pas à la falsification. Mais, je le répète, je ne vois
aucune garantie sérieuse ailleurs que dans l'analyse d'un

échantillon emprunté à la provision que vous achetez. Voyez en Ecosse; les cultivateurs écossais ont des échantillons analysés et des provisions garanties, et il est souvent arrivé qu'ils ont obtenu des dommages-intérêts, quand la livraison différait de l'échantillon analysé.

D'autres engrais sont falsifiés de la même manière. Le nitrate de soude est mélangé avec du sulfate de magnésie ou sel d'Epsom, préparé *ad hoc*, dont les cristaux ne peuvent presque pas être distingués à l'œil de ceux du nitrate de soude. Les sulfates et autres sels d'ammoniaque sont également falsifiés à un haut degré. Il y a, en fait, mille moyens de falsifier les engrais et il est difficile, dans les circonstances actuelles, de savoir au juste si l'engrais que l'on applique à sa terre est réellement un engrais non falsifié. Par exemple, le superphosphate de chaux, si on ne l'achète pas d'une maison sûre, on est certain d'avoir des mélanges considérables ; 50 p. 0/0 et dans quelques cas 70 p. 0/0 de matières inertes et sans valeur sont mêlés à cette substance.

J'ai des lettres de diverses personnes, parmi lesquelles il s'en trouve du professeur Calvert, de Manchester, et du professeur Anderson, d'Edimbourg, qui toutes corroborent le fait de l'immense falsification des engrais artificiels. Tous ces savants ont analysé des échantillons de guano considérablement falsifiés. Le professeur Calvert m'annonce qu'il en a analysé qui contenaient de 70 à 80 p. 0/0 de sable.

Je dois maintenant mentionner une tentative récemment faite pour attraper l'argent du public, elle est tellement présomptueuse et tellement ridicule *qu'on pourrait facilement la caractériser*. Je veux parler de la fertilisation des semences. Il y a quelques années, on proposa de tremper les semences dans différentes solutions d'engrais, ou de les rouler dans quelques engrais réduits en poudre, qui adhéreraient à la semence et

rendraient de bons services en activant la germination et en
avançant son développement. Il n'y a rien de déraisonnable eu
cela , et dans certains cas de bons résultats ont été obtenus par
ce moyen. Mais depuis quelques années , soit ici soit en
France , des gens sont allés plus loin : Arrière la fumure et
donnons à la semence une enveloppe qui lui permettra de se
développer complètement jusqu'à la récolte. Ainsi, Messieurs,
votre fumier de ferme si vanté , votre guano du Pérou , votre
superphosphate de chaux , sont maintenant , de par les *découvertes de la science*, devenus inutiles ! Mettez seulement trois
ou quatre livres d'une poudre sur la semence d'un acre et vous
pourrez alors , les deux mains dans vos poches , atteindre gaie-
ment une récolte miraculeuse. Comme chimiste je n'hésite pas
à condamner ce système, et j'espère que , comme praticiens ,
vous partagerez l'opinion de ce fermier écossais auquel son
propriétaire disait : Donald , le temps sera bientôt venu où
nous pourrons porter nos engrais dans notre tabatière , et qui
répondit : Oui , Monsieur, mais quand ce temps sera venu nous
pourrons porter nos récoltes dans la poche de notre gilet.

On a dit que des résultats étonnants ont été obtenus en
France par l'emploi de la poudre fertilisante sur les semences.
Etant un membre correspondant de la Société centrale d'agriculture de France, j'ai pris la liberté d'écrire à M. Payen,
professeur de chimie du Conservatoire des arts et métiers , et
qui vint dernièrement dans notre pays pour visiter nos manufactures d'engrais artificiels. En réponse à la lettre que je lui
écrivis , le professeur dit : « L'emploi exclusif d'une petite
« quantité de poudre d'engrais enveloppant la semence serait
« évidemment dangereux et préjudiciable aux vrais intérêts
« du fermier et du propriétaire. Je suis autorisé à ajouter que
« cette opinion est aussi celle de mon ami Boussingault et de
« mes autres collègues, les membres de la Société centrale

« d'agriculture. En outre., les expériences déjà faites en
« France et dûment contrôlées par M. Moll et autres, n'ont
« donné aucun résultat utile. Les nombreuses annonces favo-
« rables à ce ridicule mode de culture sans engrais ne méri-
« tent aucune confiance, car elles ont été payées par des
« spéculateurs et insérées dans nos journaux comme des
« annonces ordinaires ou des réclames fantastiques. »

Telle est l'opinion des savants français, et j'ai tout lieu de
croire que si les engrais concentrés n'ont pas réussi en France,
il en sera de même en Angleterre. Si l'on pouvait concentrer
dans une livre la puissance fertilisante de vingt charges de
fumier, ce serait un magnifique résultat pour l'agriculture.

Passons maintenant à l'analyse de ce précieux engrais que
j'ai payé à raison de plus de 12 francs le kilogramme, soit au
prix modéré et très-convenable de 12,344 fr. 35 c. la tonne !
L'élément le plus abondant qu'il fournit à l'analyse est le
carbonate de chaux ou la marne ordinaire dans la proportion
de 55 à 59 p. 0/0.

Voici l'analyse complète :

Composition d'un échantillon de poudre fertilisante,
au prix de 12 francs le kilogramme.

Silice.	6	45
Eau.	4	91
Matières organiques	25	79
Azote.	1	47
Carbonate de chaux.	55	59
Potasse et soude.	»	92
Sulfate de chaux.	1	71
Fer (non déterminé)	»	»»
Phosphate de chaux	»	96
Total.	97	80

Vous reconnaîtrez tous que cette matière est trop chère à ce prix.

Je vous ai donc, Messieurs, montré la nature et l'étendue des falsifications. Mon principal but, ce soir, a été de faire connaître la vérité au monde agricole. Je crois, ou mieux je sais, qu'il y a des gens à Londres qui se font des rentes annuelles de plusieurs mille francs en falsifiant des engrais. Les noms de quelques-unes de ces personnes sont à peine connus sur le marché ; mais leurs produits trouvent un écoulement facile. Ce n'est pas seulement des hommes tels que vous qui sont principalement exposés à cette tromperie. Vous pouvez vous protéger vous-mêmes ; mais il y a un grand nombre de fermiers de la classe pauvre qui sont continuellement trompés sans le savoir parce qu'ils s'efforcent d'acheter deux tonnes de guano pour 325 francs, au lieu de se contenter d'une au même prix. Je vous ai exposé ces faits parce que j'espère qu'ils se répandront dans le monde et que l'on saura enfin que les fermiers sont systématiquement et régulièrement volés, qu'ils achètent constamment du sable pour du guano, des coquilles d'huîtres pour des os, qu'ils ne sont pas simplement trompés de temps à autre, mais que des gens ont pour industrie spéciale la fabrique de l'*article* dans le seul but de le mélanger avec les engrais. Quand tout cela sera connu, le remède sera trouvé. En premier lieu, vous ne ferez des affaires qu'avec des hommes d'une probité éprouvée et qui ne consentiront jamais à compromettre leur réputation par rien qui ressemble à la friponnerie. En second lieu, vous ne négligerez pas de profiter de la sécurité que présente l'analyse. Les facilités d'avoir une analyse sont maintenant plus grandes qu'elles n'étaient autrefois, et il est très-facile de faire analyser des engrais pour un prix insignifiant, et ainsi de s'assurer s'ils sont ou non parfaits. Si les agriculteurs suivaient généralement et rigoureusement cette marche ; je crois qu'il en résulterait nécessairement la suppression des falsifications et le renvoi des négociants deshonnêtes, et je crois que le commerce des engrais resterait entre les mains d'hommes probes et honorables.

CHAPITRE III.

L'usage de la chaux en agriculture remonte aux temps les plus reculés. La description des différents genres de calcaires, la composition de la chaux, l'action qu'elle exerce sur le sol sont des sujets sur lesquels il serait facile d'écrire un livre ; mais dont les traits saillants sont très-difficiles à analyser dans une simple conférence. Cependant, comme je n'ai qu'un temps très-restreint à consacrer à cette matière, je vais m'efforcer de vous en tracer d'une façon aussi concise que possible les points essentiels.

La valeur des calcaires est, selon certaines personnes, en raison directe de leur pureté, c'est-à-dire en proportion de la quantité absolue de carbonate de chaux qu'ils contiennent. Vous savez tous, je présume, que le calcaire est lui-même un carbonate de chaux. Dans un état complet de pureté, il est formé de 22 parties d'acide carbonique et de 28 parties de chaux. Lorsque le calcaire est soumis dans les fours à une haute température, l'acide carbonique se dégage et il reste la chaux à l'état pur, si toutefois le calcaire lui-même ne contenait pas d'autre substance que le carbonate de chaux ; j'ai dit tout-à-l'heure que l'on admet que le calcaire le plus pur est celui qui a en agriculture le plus de valeur. Je vais chercher à vous démontrer qu'il n'en est pas ainsi et que le calcaire impur, c'est-à-dire le calcaire contenant d'autres substances que le carbonate de chaux peut avoir, au contraire, une va-

leur agricole plus grande. Et d'abord , on ne trouve dans la
nature aucun calcaire à l'état parfaitement pur ; tous contiennent en plus ou moins grande quantité de l'eau, de la
silice , de l'alumine, du phosphate de chaux et même du sulfate de chaux. Il est bien évident qu'un calcaire sera d'autant
meilleur qu'il contiendra plus de phosphate de chaux. Puisque
vous mettez sur vos terres des os et d'autres matières, précisément parce qu'elles contiennent du phosphate de chaux , il est
indubitable que, toutes choses restant égales d'ailleurs , un calcaire aura d'autant plus de valeur qu'il contiendra plus de cette
substance. J'ai analysé, dans mon laboratoire , quelques centaines d'échantillons de calcaires ; je n'en ai trouvé aucun qui
ne contînt du phosphate de chaux dans une proportion moyenne
d'un pour cent. Quelques calcaires en contiennent davantage,
dans quelques-uns d'entr'eux, on en trouve jusqu'à 3 et 4
p. 0/0 ; mais admettons la moyenne de 1 p. 0/0 : dans ce cas,
10 tonnes de calcaire ou leur équivalent 5 tonnes de chaux
confiées à un acre de terre , y verseront 2 quintaux de phosphate de chaux, ce qui , je n'ai pas besoin de le dire , constituera un excellent amendement , et pendant plusieurs années
produira sur le sol un très-bon effet. Plusieurs calcaires contiennent aussi des silicates dans des combinaisons facilement
solubles et qui sont facilement désagrégés ; et je crois qu'un
calcaire qui contient des silicates solubles est préférable au
calcaire dit pur. D'autres , enfin , contiennent du sulfate de
chaux ou gypse , ceux-là même ont plus de valeur que les calcaires qui s'approchent davantage d'un état plus complet de
pureté.

Vous voyez donc que mon opinion sur cette partie de la
question est , que ce ne sont pas les calcaires de l'espèce la plus
pure qui doivent procurer aux agriculteurs les bénéfices les
plus grands ; mais que ceux qui contiennent une certaine quan-

tité de ce qu'on appelle impuretés, sont les plus propres à l'usage agricole parce que, outre les éléments calcaires, ils apportent sur le sol d'autres éléments utiles.

Il me serait presqu'impossible de vous donner dans les limites qui me sont assignées, une idée complète de toutes les différentes espèces de calcaires. Je dois même ajouter que le sujet n'a pas encore été assez étudié, pour que je puisse entrer ainsi que je désirerais le faire, dans tous les développements utiles à la question; il faudrait pour cela consacrer en analyses un temps beaucoup plus grand que celui dont je dispose. Si mes leçons avaient pu être retardées d'une année, j'aurais probablement pu, et je l'avais espéré, vous donner le résultat de l'analyse des principaux calcaires du royaume. Mais comme ces analyses nécessiteraient un travail d'au moins quatre mois, vous concevrez facilement qu'il m'a été impossible de les exécuter toutes. Je puis cependant dire en parlant de la craie en général, que nous en possédons de trois espèces différentes: la craie supérieure, la craie inférieure et la marne crayeuse. On les distingue de la manière suivante: la craie inférieure contient une plus grande quantité de silice et de phosphate de chaux, et se désagrège plus facilement sous l'action de la gelée que la craie supérieure; la marne crayeuse placée au-dessous de la craie inférieure contient une plus grande quantité de phosphate de chaux que les deux autres, et partout où elle est appliquée au sol de grands bénéfices en résultent. Le calcaire dont je puis parler maintenant, c'est le calcaire de Weald; il est de formation d'eau douce; c'est-à-dire que les coquilles que l'on y trouve sont des coquilles d'eau douce; on le rencontre à Bethersden, dans le comté de Kent; à Petworth, dans le comté de Sussex, et dans l'île de Purbec, comté de Dorsetshire. C'est ce calcaire qui fut employé sous le règne de Henri Ier, aux fondations du vieux pont de Londres. Outre le carbonate de

chaux, il contient environ 20 p. 0/0 d'autres matières, et
quand il est convenablement cuit, il donne une chaux très-
favorable aux terres.

Viennent ensuite les calcaires oolithiques bien connus à
Pickering, dans le comté de Yorkshire, à Northampton, à
Higham Ferrer, et dans plusieurs autres parties de l'Angleterre. Au milieu d'une grande quantité d'autres matières ce
calcaire contient 3/4 p. 0/0 de phosphate de chaux. Nous
avons encore le calcaire du Lias, que l'on trouve en masses
nodulaires aux environs de Whitby, Lyme-Régis et autres
lieux, et qu'on envoie généralement à Londres pour faire du
ciment. Au-dessous du Lias nous avons le calcaire de la mon-
tagne bien connu dans le comté de Derbyshire, particulièrement à Crich-Cliff. Plusieurs d'entre vous ont pu observer de
nombreux fours à chaux au point où le chemin de fer se dirige
vers Matlock. La chaux de ce district est très-bonne, elle est
envoyée au loin pour les besoins de l'agriculture à laquelle
elle procure de grands bénéfices.

Vient ensuite le calcaire que l'on rencontre à Dudley, près
de Birmingham. Cette formation a été soulevée par une action
volcanique; elle n'occupe pas ainsi les lieux qu'elle occuperait
sans cette circonstance. Quelques bancs de ce calcaire sont
très-purs, d'autres contiennent des matières étrangères en
grande quantité; pour ma part je choisirais certainement les
derniers de ces bancs pour l'emploi agricole; mais les maîtres
de forges préfèreront naturellement les bancs les plus purs.
Nous avons enfin les calcaires du comté de Devonshire qui,
généralement parlant, sont assez purs.

Je vais maintenant, Messieurs, vous entretenir de l'emploi
de la chaux, mais auparavant il convient de dire quelques mots
des marnages et des *crayages*. L'on a prétendu que l'emploi
des substances marneuses contenant des matières calcaires est

équivalent à celui de la chaux elle-même. Il ne semble pas
qu'il y ait généralement une grande différence à employer soit
des matières calcaires à l'état de carbonate de chaux, soit de
la craie désagrégée par la gelée, soit enfin de la chaux vive.
Quoique de nombreuses discussions aient déjà eu lieu sur ce
point, je ne crois pas que les expériences des cultivateurs
aient établi qu'il y a beaucoup de différence entre l'emploi de
la chaux vive, des marnes ou des calcaires doux désagrégés
sous l'action de l'air. Et, en réalité, je ne vois pas en quoi
pourrait consister cette différence. Lorsque le calcaire compacte
a été amené à l'état de chaux et qu'il a absorbé une certaine
quantité d'eau, il se réduit en une poudre très-fine, et beaucoup plus tenue que celle qui résulterait d'une pulvérisation
mécanique. Cette poudre, nommée *chaux éteinte*, absorbe
l'acide carbonique de l'air et ne tarde pas à se transformer en
carbonate de chaux, ce quelle était avant sa cuisson. Mais les
conditions mécaniques sont complètement changées ; au lieu
de se présenter dans le sol sous forme de blocs durs et solides,
le calcaire n'est plus qu'une poudre blanche et friable. La cuisson est donc nécessaire seulement quand le calcaire est dur et
compacte, parce que par cette cuisson il est réduit à l'état de
poudre et dans cet état il agira rapidement sur les éléments
du sol. Quelques personnes ont supposé que la chaux caustique
exerce sur le sol une grande et particulière action, mais cette
action me paraît très-douteuse. Le but principal que l'on recherche par la cuisson du calcaire est de l'amener à un état de
division très-propre à agir sur le sol. Je ne suis pas le seul à
partager cette opinion ; tous les chimistes qui ont étudié cette
question ont déclaré que la chaux à l'état caustique n'exerce
sur le sol aucune action spéciale, mais que c'est à l'état de
carbonate de chaux que son influence particulière se produit.

Nous sommes ainsi conduit à conclure que l'on obtient le

5

même résultat, soit en marnant, soit en employant des matières crayeuses susceptibles de se désagréger facilement à l'air,
soit en usant des calcaires durs et compactes réduits par la
cuisson à l'état pulvérulent. Les effets diffèrent seulement en
raison du degré de solubilité des calcaires employés. S'ils sont
trop compactes ou si la marne contenant les matières calcaires
n'est pas facilement décomposée à l'air, ces amendements
n'exerceront pas sur le sol un effet aussi immédiat que les
substances qui contiendraient des matières calcaires plus facilement solubles, c'est-à-dire dans un état de division plus
parfait.

Les marnes, ainsi que je l'ai déjà dit, auront aussi une
action plus ou moins active selon la quantité de phosphate de
chaux, de silice, d'alumine et autres substances qu'elles
pourront contenir. Quoique le carbonate de chaux soit l'élément
principal, cependant son action sera modifiée par celle des
autres agents avec lesquels il est mélangé.

On voit donc que les calcaires peuvent être envisagés à deux
points de vue : celui du carbonate de chaux qu'ils contiennent,
et celui des éléments auxquels il est allié.

Après avoir exposé la première partie de mon sujet, autant
que me le permettaient les limites qui me sont assignées, je vais
maintenant passer à l'action exercée sur le sol par les matières
calcaires.

La chaux, qu'elle soit à l'état caustique ou à l'état de
carbonate de chaux, a une action spéciale sur les agents
minéraux du sol. Dans nos laboratoires, lorsque nous voulons
dégager la potasse et la soude d'une terre quelconque, nous la
chauffons au rouge dans un creuset avec de la chaux. Après
cette opération, nous pouvons obtenir la potasse et la soude par
l'action seule de l'eau. En mêlant même un certain volume de
terre avec un lait de chaux, et en laissant reposer le mélange

cinq ou six mois, on obtient en filtrant une quantité considérable de potasse et de soude provenant de cette terre. De la même manière, quand vous mettez sur votre terre une certaine quantité de chaux et que vous permettez à l'atmosphère d'exercer sur elle l'action qui lui est propre, la pluie la dissout; elle se mélange et, comme elle agit sur chaque partie du sol avec lequel elle est en contact, elle dégage pour les besoins de la végétation, les alcalis minéraux, la potasse et la soude. Mais la chaux agit d'une manière puissante, non seulement sur les matières minérales, mais aussi sur les éléments organiques du sol. Et c'est là le point capital que j'ai à vous démontrer ce soir, savoir : que la chaux agit directement sur les éléments organiques que le sol contient. Tout bon sol contient une quantité considérable de matières végétales, ou bien ce sol a la puissance d'absorber de l'air les éléments qui concourent à la formation des matières végétales.

La présence de la chaux dans un sol, qu'elle y ait été mise, soit à l'état de chaux proprement dite, soit à l'état de carbonate de chaux, détermine une action sur les matières organiques, une plus grande puissance d'absorption des éléments de l'air, et une décomposition beaucoup plus rapide des racines des plantes et autres débris végétaux. Ces dernières substances abandonnées à elles-mêmes ne sauraient se décomposer assez rapidement pour fournir à la récolte croissante les éléments de nutrition qui lui sont nécessaires. Il ne peut pas y avoir de décomposition rapide par la raison fort simple que les substances produites par la décomposition ne trouvent autour d'elles aucun corps avec lequel elles ont de la tendance à s'allier; mais dans le carbonate de chaux, vous avez une matière avec laquelle les différents acides végétaux formés dans les phases diverses de la décomposition peuvent s'unir instantanément. Il est un fait bien connu de toutes les personnes ici présentes : c'est sur les sols contenant en grande abondance des matières organiques, ou qui n'ont pas été labourés depuis de longues années, que la chaux produit les effets les plus saillants. Si l'on a travaillé pendant long-temps une terre, si on l'a labourée, semée et récoltée, de telle sorte que les matières organiques de ce sol, et que les provisions d'ammoniaque qu'il avait puisées de l'air aient été épuisées, la chaux n'y produira que peu ou pas d'effet. Mais s'il en est autrement, la chaux donnera des résultats merveilleux, parce qu'elle mettra immédiatement l'ammoniaque et les matières organiques en état d'être absorbées au profit des plantes. Je dois dire aussi que la chaux est très-salutaire sur les sols tourbeux et sur ceux qui contiennent du sulfate de fer dont elle corrigera ce qu'on nomme l'*aigreur*, vice qui se rencontre, je n'ai pas besoin de le dire, dans divers districts. J'ai à peine besoin d'ajouter que, pour que la chaux puisse produire tout son effet, il faut que le sol ait été préalablement drainé ; sans cela la chaux sera complètement inutile, le drainage étant indispensable pour mettre la chaux à même de s'infiltrer dans le sol et y accomplir l'action qui lui est propre.

La chaux exerce sur le sol une autre action dont je dois également vous entretenir. Vous savez tous ce que l'on nomme nitrière ; vous savez que du temps de Charles Ier, de Cromwell et de Charles II, le salpêtre était fabriqué d'une certaine manière. Des primes étaient accordées aux personnes qui fouillaient le sol des vieilles étables pour la terre qu'elles pouvaient en obtenir, ou qui apportaient le plâtras provenant de vieux bâtiments, etc., et c'est de ces matériaux que le salpêtre était tiré. Le procédé était très-simple et très-efficace. Pendant le cours entier de la révolution française, le salpêtre était obtenu d'une manière identique : une certaine quantité de craie ou d'autres matières calcaires était mise en couches

alternatives avec du fumier de ferme. On plaçait d'abord une
couche de fumier, puis une autre couche de vieux platras ou
d'autres matières calcaires, puis une nouvelle couche d'engrais,
ainsi de suite. Tout le tas était arrosé avec de l'urine ou un
autre liquide, on employait même l'eau pure, s'il était
impossible de se procurer des urines. Le tout était tenu à
couvert dans un état convenable d'humidité et retourné tous
les trois mois. Après douze mois, on n'ajoutait plus d'urine et
l'on n'employait plus que de l'eau pour les arrosages. Après
dix-huit mois, le tout était mis dans un grand bassin d'eau et
bien agité. Après un certain temps, l'eau était pompée, et tout
l'ammoniaque et l'azote des engrais et de l'urine avaient passé
sous forme de nitrate de chaux. Tout l'azote des engrais avait
été converti, par une lente oxidation, en acide nitrique qui s'était
allié aux matières calcaires pour former le nitrate de chaux.
Cette solution était ensuite mêlée à des cendres de bois qui
contiennent du carbonate de potasse, et par une double
décomposition, le carbonate de chaux était précipité sous forme
d'une poudre blanche, et le nitrate de potasse (salpêtre) était
obtenu en cristaux. Ce fut de cette manière que tout le salpêtre
employé par Napoléon pendant ses guerres prolongées, fut
obtenu.

Messieurs, les phénomènes qui se produisaient dans les
nitrières de France, se produisent dans vos nitrières, je veux
dire vos champs. Si vos terres sont convenablement drainées
et qu'elles puissent absorber les éléments utiles de l'air, et si
elles contiennent une quantité suffisante de matières calcaires,
il n'y a pas le moindre doute qu'elles donneront lieu aux mêmes
phénomènes chimiques. C'est du reste un fait indubitable que
l'on tire des nitrières plus de salpêtre que ne pourrait en fournir
l'azote contenu dans les engrais et les urines qui ont formé
ces nitrières, ce qui prouve qu'elles ont la faculté de soutirer

de l'air une certaine quantité d'azote. Sous l'influence de la décomposition lente des matières végétales et animales, l'ammoniaque et l'azote sont indubitablement absorbés. S'il en est ainsi, si vous avez dans le sol une quantité suffisante de calcaire et de matières organiques, il arrivera que non seulement ces matières produiront de l'acide nitrique par le fait seul de leur décomposition, mais qu'il y aura une absorption importante d'azote aux dépens de l'air. Cette absorption sera toujours en raison de la préparation du sol, obtenue par des labourages, et du degré de porosité obtenu par le drainage, les hersages et autres façons culturales.

Il existe un ou deux faits relatifs à l'absorption de l'ammoniaque qui méritent de fixer votre attention : j'ignore si vous savez que tous les sols contiennent une grande quantité d'ammoniaque et d'azote sous une forme qui n'est pas encore parfaitement définie, et qui ne semble pas très-propre à l'usage des plantes. J'ai recherché dans mon laboratoire la quantité d'azote contenue dans un grand nombre de sols venant des différentes parties du royaume ; quelques-uns de ces sols étaient des plus riches, d'autres ne donnaient qu'une rente de 5 à 6 shillings (6 fr. 25 à 8 fr. 75) par acre (40 ares). J'ai trouvé dans ces derniers une grande quantité d'ammoniaque qui n'était pas immédiatement profitable aux plantes, mais qui pouvait certainement être amené à un état favorable à leur développement. Ce sera là probablement l'objet d'une communication à la Société royale d'agriculture, dès que j'aurai complété mes recherches. Pour le moment, je me bornerai à dire qu'il existe dans les terres une grande quantité d'azote qui peut être rendu utile, car avec l'emploi des calcaires on soumet cet élément à *une action distincte* qui lui permet de se dégager et d'être absorbé par les racines des plantes.

En résumant ce que je viens de dire, on voit que si la chaux agit spécialement sur les matières inorganiques et sur les matières organiques inertes contenant de l'azote, c'est principalement dans le cas où le sol contient des matières organiques et qui n'ont pas été souvent exposées à l'air, que cette action sera la plus efficace.

Toutes les expériences démontrent la vérité de ce qui précède. Si un cultivateur, après avoir épuisé son sol, après avoir obtenu récoltes sur récoltes sans addition de fumier, s'imagine qu'il va rendre à ce sol sa fertilité première par un chaulage, il se trompe. C'est sur un sol nouvellement fouillé que la chaux agit le plus utilement. Dans un lieu comme Exmoor, où la terre n'a pas été remuée de mémoire d'homme, et où le sol contient juste assez de chaux pour qu'un chimiste puisse en constater la présence; l'emploi d'un engrais quelconque serait sans résultat, si on n'y ajoutait de la chaux. Vous pouvez y employer du guano, des os et toute espèce d'engrais; mais vous n'y obtiendrez des récoltes passables qu'après avoir chaulé. Dans cette partie du pays on distingue jusqu'à un pouce les points où la chaux a été employée. On pourrait prendre une poignée de chaux éteinte et écrire son nom sur le sol, même trois ans après on pourrait encore le lire. J'ai observé moi-même sur ces bruyères que, dans certaines parties où la chaux avait été employée, les turneps étaient *splendides*, mais que dès que l'on quittait les points où la chaux avait été employée, la récolte avait complètement manqué.

C'est donc mon opinion bien arrêtée que la chaux ne doit être employée que sur les terres contenant une grande quantité de matières organiques, et qu'en l'utilisant sur les terres arables, on ne doit jamais se fier à son usage seul, mais employer d'autres engrais, qu'il n'est ni nécessaire ni toujours utile de répandre en même temps que la chaux. Vous vous rappelez tous le vieux proverbe :

« L'emploi de la chaux sans fumier rendra toujours pauvre fermier. »

Ceci est parfaitement vrai. La chaux exerce encore une action dont je dois dire quelques mots. Vous savez qu'un grand nombre de calcaires contiennent du sulfate de chaux. La pluie entraîne par son passage dans l'air une grande quantité de carbonate d'ammoniaque, qui étant un sel volatil s'évapore rapidement ; mais s'il y a du sulfate de chaux dans le sol, l'ammoniaque ne peut plus s'évaporer, parce que aussitôt qu'il est en contact avec le sulfate de chaux, le carbonate d'ammoniaque, se transforme en sulfate d'ammoniaque. Une autre transformation se produit, après que l'eau superflue s'est évaporée, alors le sulfate d'ammoniaque réagit sur le carbonate de chaux et le carbonate d'ammoniaque est dégagé de nouveau ; c'est là un phénomène très-curieux. J'ai ici de la craie, et si je verse dessus du sulfate d'ammoniaque, j'obtiens du sulfate de chaux. Le carbonate d'ammoniaque se dégage, ce qui peut facilement se vérifier par l'odeur qu'il répand. Quand un sol n'est ni trop humide ni trop sec, le carbonate d'ammoniaque est dégagé par suite de la décomposition des sulfates d'ammo-niaque contenus dans le sol. Je ne dois pas omettre un autre fait, car il est d'une importance pratique majeure, savoir : qu'un sol reposant sur du calcaire peut très-bien être privé de chaux. Le Kentish Rag, par exemple, où le calcaire n'est qu'à 16 ou 33 centimètres de la surface, ne contient cependant pas un millième pour cent de chaux. Vous savez que la chaux a une tendance continuelle à descendre ; il en résulte que, même les terrains formés de la désagrégation de roches cal-caires, demandent quelquefois des chaulages autant que les autres. Je sais que, dans le Dorsetshire, le Wiltshire et quel-ques parties du Hampshire, les cultivateurs appliquent avec de grands avantages, la craie aux plaines crayeuses ; dans ce pays, ainsi que dans le comté de Kent, les matières calcaires ont été appliquées sur ma recommandation et avec de grand succès sur des terres reposant, soit sur la craie, soit sur le calcaire.

Il y a encore un point que je désire vous signaler, c'est que sans la présence de la chaux dans le sol, on n'obtiendra jamais d'une fumure quelconque tout l'effet qu'elle peut produire. S'il y avait du sulfate d'ammoniaque dans le sol, il est évident que ce n'est pas sous cette forme qu'il serait absorbé par les plantes; il faut qu'il y ait quelque chose pour s'unir avec l'acide sulfurique, et ce quelque chose est fourni par le carbonate de chaux. Il faut donc qu'il y ait du carbonate de chaux dans le sol, et s'il y en a, le sulfate d'ammoniaque abandonnera l'ammoniaque au profit des plantes. On ne peut pas utilement employer le guano ni aucun autre engrais artificiel, si le sol ne contient une quantité convenable de chaux. Vous voyez donc, Messieurs, qu'il est nécessaire d'avoir une certaine quantité de chaux dans un sol quelconque, si vous voulez le cultiver avec succès.

Je n'abuserai pas davantage de votre temps, si ce n'est pour vous dire que la méthode de culture de Tull, dont je vous ai entretenu, et qui est appliquée depuis quelque temps par M. Smith, repose exclusivement sur une exposition complète de la terre aux influences atmosphériques; il faut dans ce cas que le sol contienne une certaine quantité de chaux, ou jamais l'on ne pourra obtenir une absorption suffisante des éléments fertilisants de l'air, absorption sur laquelle repose toute la méthode.

La conclusion à tirer des quelques observations que j'ai eu l'honneur de vous offrir sont, je crois, les suivantes : Que la chaux peut être employée avec avantage sur les sols qui ont été peu remués et peu exposés à l'air, sur les sols neufs, semblables à ceux d'Exmoor, ou sur ceux qui contiennent naturellement ou artificiellement une certaine quantité de matières organiques ; mais que si la chaux est employée sans fumier sur les terres arables, épuisées par des récoltes successives obtenues sans engrais, elle ne ramènera pas la fertilité, et que les cultivateurs qui ont l'habitude de mettre sur leurs terres de fortes doses de chaux dans l'espoir d'obtenir, sans autres engrais, de bonnes récoltes pendant les six ou sept années suivantes, abusent de cette précieuse substance.

CHAPITRE IV.

—

DES QUALITÉS DES DIFFÉRENTS GENRES DE NOURRITURE, ET DES MEILLEURES MÉTHODES D'ENGRAISSER LE BÉTAIL.

———

En parlant des meilleures méthodes d'engraisser le bétail, il serait peut-être nécessaire de prendre en considération toutes les causes qui peuvent occasionner des pertes pour les éleveurs, et entraînent des mécomptes dans leurs inventaires annuels. Mais je ne veux pas entrer dans la question des marchés, ni traiter de la vente et de l'achat des animaux. Je ne veux que mettre sous vos yeux les principes qui servent de base à l'engraissement du bétail, et vous signaler les cas où des pertes peuvent résulter soit de l'emploi d'une nourriture impropre, soit du défaut de ventilation.

Quelques mots d'abord de la constitution des végétaux et de leur formation en général.

Vous savez tous, Messieurs, que les végétaux que vous cultivez ne sont pas ceux qui croissent spontanément sur le sol. Si on abandonnait une terre à l'action de l'atmosphère et des causes qui agissent constamment à la surface, la nature la couvrirait bientôt de plantes de son choix; et ce que vous avez à faire comme agriculteurs, c'est de choisir parmi ces plantes diverses celles qui répondent le mieux à vos besoins et d'écarter les autres, afin d'obtenir en plus grande quantité possible les végétaux qui servent à l'entretien de la vie animale. En procédant ainsi, vous repoussez les offres ordinaires de la nature, et vous faites usage de sa puissance avec le secours de l'art. Pour cultiver des plantes différentes de celles qui croissent spontanément sur le sol, vous savez très-bien que le sol doit être profondément modifié, et qu'il est nécessaire de lui donner des engrais pour obtenir de ces plantes un produit élevé.

Les éléments organiques des plantes, savoir : l'oxygène, l'hydrogène, le carbone et l'azote, sont généralement tirés de l'air, par suite de l'action exercée sur l'air par les feuilles des plantes. Mais il suffit de fumer le sol pour que leurs racines y puisent les mêmes éléments. Ces éléments qui dans le principe n'étaient absorbés que par les feuilles, le sont dès lors par les racines. Durant leur croissance, les végétaux absorbent constamment le carbone, l'azote, l'hydrogène et l'oxygène : ils retiennent les trois premiers et dégagent le quatrième. Dans diverses plantes, certaines substances produites ne contiennent pas la moindre parcelle d'oxygène : telles sont les huiles essentielles, comme par exemple l'essence de rose.

Après avoir cité la marche que suivent constamment les plantes dans leur formation, je vais vous montrer qu'à l'égard de l'alimentation des animaux, les différentes substances produites peuvent se diviser en deux classes ayant des propriétés distinctes. J'ai cité quatre éléments : le carbone, l'oxygène, l'hydrogène et l'azote. Dans toutes les substances propres à l'alimentation, l'oxygène se retrouve encore et n'a pas été complètement dégagé. Les quatre éléments que j'ai cités se rencontrent donc, soit dans les matières végétales, soit dans les matières animales. Or les principes immédiats qui composent les végétaux et sont formés de ces éléments simples, se divisent en deux classes : les uns privés d'azote, les autres le contenant. Les premiers, dont je parlerai en premier lieu, peuvent être appelés substances non azotées ou matériaux de la respiration ; ils sont les producteurs de la graisse. Ces substances qui sont ainsi privées d'azote, et se rencontrent dans les végétaux, sont les graisses de toute espèce, les huiles, l'amidon, le mucilage et les diverses variétés de sucre. Je répète que ces substances ne contiennent pas d'azote et sont simplement affectées à la production de la graisse ou à l'alimentation de la respiration. Je dois ajouter que l'absorption de ces principes a pour conséquence le maintien de la chaleur animale. Nous entretenons la chaleur de notre corps par une combustion continue de carbone et d'hydrogène empruntés à nos aliments. En passant par notre système respiratoire, l'air introduit dans nos poumons agit sur les éléments combustibles de notre nourriture, exactement comme il agit dans les lampes et les becs de gaz où l'on brûle des matières carboniques par un courant d'air. Ainsi, dans notre organisation et dans celle de tous les animaux à sang chaud, une partie notable des aliments est exclusivement affectée à élever la température de l'animal au-dessus de la température de l'air au milieu duquel il vit. Les parties de la nourriture destinées spécialement à maintenir notre chaleur sont les matières non azotées : elles n'ajoutent rien à la puissance nutritive des aliments ; elles ne mettent pas l'homme ou l'animal en état de déployer une somme quelconque de force, encore moins servent-elles à construire ou à supporter l'organisme animal. Leur première destination est d'alimenter le feu destiné à échauffer le corps. A chaque inspiration nous absorbons une quantité considérable d'oxygène, qui après avoir agi sur le carbone et l'hydrogène de ces matières non azotées, est rejeté au dehors dans un état impropre à la respiration. Qu'il me soit permis de mentionner ici la quantité de carbone ainsi consumé chaque jour par divers animaux. L'homme brûle en moyenne, de 350 à 400 grammes de carbone, et pour consumer ce carbone il faut 1,100 grammes d'oxygène. Le cheval consume 3 kilogrammes de carbone, exigeant près de 8 kilogrammes d'oxygène. Enfin une vache consume plus de 2 kilogrammes de carbone, pour lesquels il faut 5 kilogrammes d'oxygène. Vous voyez donc, Messieurs, qu'un approvisionnement constant de matériaux propres à la production de la chaleur est nécessaire à notre économie animale et doit lui être fourni, et qu'un approvisionnement constant d'oxygène doit être introduit dans nos poumons pour brûler les matériaux non azotés, et par cette combustion maintenir notre corps à une température convenable.

Lorsque la chaleur nécessaire à l'économie animale a été obtenue, il peut rester en excès des matériaux non azotés que le corps n'a pas eu besoin de consumer pour élever sa température. Ce qui reste alors de l'huile, de l'amidon, de la gomme, du mucilage et du sucre, après la production de la chaleur nécessaire à l'animal, forme la graisse. Cette surabondance de matériaux, la nature la dispose sur les muscles sous la forme de graisse, afin que l'animal puisse ultérieurement, si par suite d'un accident il devait être privé de nourriture, pourvoir en quelque sorte à ses jours de jeûne par cette réserve approvisionnée aux jours d'abondance. Avec une pareille organisation, il est naturellement indispensable, pour engraisser un animal, de le maintenir dans une certaine température ; autrement la graisse ne pourrait jamais se former ; ses aliments seraient absorbés par ses besoins de chaleur. C'est là un principe qu'il ne faut jamais perdre de vue ; car il est d'une importance majeure en pratique, en ce sens que la quantité d'aliments nécessaires aux animaux dépend en grande partie de la température dans laquelle ils sont placés. La perte des matériaux consommés pour produire la chaleur nécessaire à l'animal sera toujours proportionnelle à la température que l'animal doit se créer par la combustion de ses aliments, ou plus simplement, au degré de froid auquel il est exposé. La chaleur est donc équivalente à de la nourriture. Moins les animaux seront exposés au froid et à l'humidité, moins on aura besoin de leur fournir des éléments de respiration pour qu'ils puissent obtenir le degré de chaleur convenable, et plus d'un autre côté la nourriture contribuera à la production de la graisse. Il est donc très-important pour la *bourse* du cultivateur de tenir bien abrités et dans un milieu d'une température élevée, les animaux à l'engraissement. Je n'insisterai pas davantage sur ce point; car je compte y revenir.

Ce que je viens de dire est clairement démontré par les différents genres de nourriture imposés aux hommes qui habitent les diverses parties du globe. Remarquez quelle différence il y a entre la nourriture des Indous sous les tropiques et celle des Esquimaux dans les régions arctiques. Les Indous vivent de riz qui, comparé aux matières grasses dont se nourrissent les Esquimaux, ne contient que très-peu de carbone et d'hydrogène, les producteurs de la chaleur. Une poignée de riz et un peu de lait suffit à l'Indou, tandis que les Esquimaux mangeront deux ou trois livres de chandelle et boiront un ou deux litres d'huile de baleine, sans en être le moins du monde incommodés. Un Esquimau pourrait même boire une bouteille d'eau-de-vie sans en souffrir; et ce n'est que parce que les habitants des régions du Nord absorbent d'aussi grandes quantités de matières grasses qu'il leur est possible de supporter, presque nus, la rigueur extrême du climat. Habitué à manger, quand il le peut, huit à dix livres d'huile de baleine par jour, l'habitant de ces froides régions absorbe une telle quantité d'éléments producteurs de la chaleur, qu'une différence de 20 à 30 degrés dans la température de l'atmosphère, n'a pour lui qu'une importance insignifiante. D'un autre côté, on sait que dans les climats chauds, non seulement les hommes n'ont pas besoin d'absorber une aussi grande quantité d'éléments non azotés, mais encore s'ils leur accordaient dans leur alimentation une trop large part, ils ne tarderaient pas à être atteints de fièvres bilieuses, et que s'ils vivaient exclusivement d'aliments de ce genre, la mort s'en suivrait infailliblement.

. Je passerai maintenant aux matières azotées contenues dans les aliments. Ces matières sont la base réelle de la nutrition, les éléments producteurs de la chair, et il est nécessaire de les distinguer des éléments qui produisent la graisse. Ces éléments producteurs de la chair sont la fibrine (gluten du blé), l'albumine et la caséine végétales. Si on prend un turneps et qu'on le soumette à une pression, la fibrine ou le gluten restera dans la masse pressée, et le jus contiendra l'albumine et la caséine. En soumettant ce jus à l'ébullition il se formera un coagulum ou caillot d'albumine précipitée exactement comme si l'on eût agi sur l'albumine ou le blanc d'un œuf. Si l'on sépare ensuite l'albumine en filtrant le liquide et qu'on ajoute un acide au liquide filtré, on aura un précipité semblable à celui qu'on obtient en versant dans le lait un acide ou de la présure, et ayant des propriétés absolument identiques à celles du lait caillé. Ce précipité obtenu en dernier lieu est ce que l'on nomme caséine parce que c'est une substance exactement semblable à la partie solide ou caillot du fromage. Le précipité obtenu par l'ébullition du jus s'appelle *albumino végétale* parce qu'elle ressemble à l'albumine des œufs; et ce qui reste insoluble dans la masse pressée se nomme fibrine végétale ou *gluten*. Ces trois substances se distinguent donc de la manière suivante: la fibrine est insoluble dans l'eau; l'albumine est soluble dans l'eau, mais elle est coagulée par l'ébullition; quant à la caséine ou le principe du fromage, elle est soluble dans l'eau, n'est pas précipitable par l'ébullition, mais seulement par l'addition d'un acide tel que la présure ou le vinaigre. Il me reste à vous signaler le fait le plus important, savoir : que ces substances se composent des mêmes éléments chimiques que les substances qui forment la chair des animaux. Les végétaux produisent donc en quelque sorte la chair toute créée ; et en se les assimilant, les animaux ne font que modifier les conditions et la structure mécaniques des substances qui la composent.

Je vous ferai remarquer l'immense importance de ces corps. L'albumine végétale est semblable, sinon parfaitement identique à l'albumine animale ou blanc d'œuf. Voyez maintenant combien il faut peu de chose pour transformer en substances nouvelles le blanc et le jaune d'un œuf. Il suffit de prendre cet œuf doué d'un principe de vitalité (c'est-à-dire fécondé) et de l'exposer à une certaine température pendant trois semaines pour obtenir des os, des nerfs, des muscles, des griffes, un bec, des yeux, des tendons, des plumes, des poumons, un foie, des intestins et toutes les autres parties de l'économie animale. Tout cela provient du blanc et du jaune de l'œuf en apparence si simples, uniquement parce que l'œuf doué d'un principe de vitalité est exposé à une certaine température. De la même manière, lorsque la fibrine et la caséine végétales sont introduites dans l'estomac d'un animal et que l'action vitale opère sur ces substances, elles se dissolvent et se distribuent de toute part pour former ses différents organes.

Je vais maintenant vous donner la composition de la fibrine, de la caséine et de l'albumine, soit végétales, soit animales, d'après des analyses faites par des chimistes distingués.

MATIÈRES ANALYSÉES.	CARBONE.	HYDROGÈNE.	OXYGÈNE.	AZOTE.	NOMS des CHIMISTES.
Fibrine végétale ou gluten (1).	53 27	7 17	23 62	15 94	Dumas et Cahours.
Albumine végétale.	53 74	7 11	23 49	15 66	id.
Caséine végétale. .	54 14	7 16	23 03	15 67	Scherer.
Fibrine animale . .	53 84	7 02	23 57	15 58	Jones.
Albumine animale.	53 37	7 10	23 76	15 77	Dumas et Cahours.
Caséine animale . .	53 50	7 05	23 68	15 77	id.
Chair de bœuf . . .	54 18	7 93	22 18	15 71	Playfair.
Sang de bœuf . . .	54 35	7 50	22 39	15 76	id.

On voit qu'il y a une grande similitude de composition entre la fibrine, l'albumine et la caséine provenant soit des végétaux, soit des animaux. Il est impossible d'admettre que ces substances dont la composition a tant d'analogie avec celle de la chair, puissent changer de nature dès qu'elles sont introduites dans le système, et qu'elles ne puissent recevoir une légère addition soit de carbone, soit d'azote.

Il n'y a donc pas lieu d'en douter : les végétaux produisent la chair des animaux, la préparent et en fournissent les éléments primitifs ; les animaux dissolvent ces substances déjà préparées, et sous l'action de la force vitale leur donnent différentes formes mécaniques pour les répartir sur les muscles du corps. Il n'y a pas de motif pour croire que l'estomac de l'animal agit sur ces substances autrement que par voie de dissolution ; la force vitale intervient ensuite pour placer chaque partie au lieu qui lui est le plus propre dans l'économie.

(1) Ces corps contiennent 1,5 p. 0/0 de soufre et 0,4 p. 0/0 de phosphore compris dans la colonne de l'oxygène.

Les substances azotées sont les sources réelles de la nutrition, les vrais producteurs de la chair. Nos muscles sont composés de fibrine, d'albumine et de caséine. Si l'on nourrissait
exclusivement un animal des éléments de la respiration, c'est-
à-dire de graisse, d'huile, de gomme, d'amidon, etc., il lui
serait matériellement impossible de croître, de travailler et
même de vivre. Un ouvrier nourri de matières non azotées ne
tarderait pas à mourir. Aucun être humain ne peut exister
avec l'usage exclusif de ces substances. La fécule, l'amidon et
les autres matières de ce genre ne peuvent isolément soutenir
l'existence. Elles produisent la chaleur animale, mais n'entre-
tiennent pas la vie, et il est absolument nécessaire de les allier
aux substances azotées qui seules peuvent réparer les déperditions journalières des muscles. Chaque effort que fait un animal
avec l'un de ses muscles entraîne une déperdition proportionnelle à l'effort. Au moment où le mouvement a lieu, l'oxygène
attaque le muscle et en dissout une partie équivalente à l'inten-
sité du mouvement ou de l'effort produit. C'est là un moyen
de produire la chaleur qui est indépendant de l'emploi des
matières grasses ou amidonnées, c'est-à-dire non azotées.

Il y a, vous le savez, des animaux qui ne vivent que de
chair et qui ont l'habitude de grands et de violents exercices.
Pour consumer les muscles de leur corps ils sont obligés de les
tenir en mouvement. Chacun de vous a pu voir, au jardin
Zoologique, les animaux carnivores, et a pu observer que ces
animaux sont continuellement en mouvement. Ces mouvements
perpétuels sont le résultat d'une surabondance d'aliments azotés
dont ils ne peuvent se débarrasser qu'au moyen de ces exercices. Partout où se produit un mouvement, il y a déperdition
des muscles du corps, et les éléments de la nutrition sont
nécessaires pour remplacer ces pertes. Le genre de vie d'un
chasseur indien de l'Amérique est approprié exactement au

genre de nourriture qu'il consomme. Ces chasseurs restent quelquefois plusieurs jours sans manger, et pendant ce temps ils doivent consumer une partie notable des muscles de leur corps. Mais quand ils ont atteint leur proie, ils en dévorent une grande quantité, et en peu d'instants ce qui était la chair d'un buffalo ou d'autres animaux sauvages est devenu celle d'un homme. Ainsi le métier de chasseur est parfaitement adapté à sa nourriture, et sa nourriture est parfaitement adaptée à son métier. Il me vient en mémoire un fait rapporté par M. William Alexandre et qui démontre la vérité de ce que j'avance. Il voyageait en Cafrerie, lorsqu'un jour arrive au camp un homme presque mort de faim et dont le corps était tellement amaigri et décharné qu'il ne paraissait pas devoir vivre un jour de plus. M. William avait souvent entendu dire que dans ce pays un homme privé longtemps de nourriture mangeait sans inconvénient un mouton entier si on le lui donnait, et on lui répéta que s'il voulait offrir un mouton à ce malheureux qui semblait si près de sa fin, il le dévorerait immédiatement. Après quelque hésitation, M. William lui donna un mouton du Cap qui, sans être aussi gros que nos Leicester, pesait encore de 15 à 20 kilos. L'homme se jeta aussitôt sur l'animal et ne le laissa qu'après en avoir dévoré les trois quarts. Le lendemain et les jours suivants M. William s'assura que cet homme était vigoureux et bien portant: les parties musculaires du mouton avaient rapidement réparé les muscles de l'homme.

Je pourrais citer plusieurs exemples de semblables merveilles apparentes : je dis merveilles apparentes parce qu'elles cessent de l'être quand on envisage ces faits sous leur véritable jour. Dans les cas de ce genre l'économie animale n'a qu'une chose à faire : dissoudre la nourriture qui a été préparée pour elle et la placer dans une position convenable sur les muscles également préparés à la recevoir. Je crois devoir faire remarquer ici que les pois, les haricots, les lentilles sont de tous les végétaux ceux qui contiennent en plus grande abondance les principes producteurs de la chair.

Après avoir ainsi défini les deux classes d'aliments nécessaires à l'entretien de la vie, je dois vous signaler les conséquences pratiques qu'on doit en tirer par voie de déduction. La chaleur et le repos sont nécessaires à l'animal auquel on veut assurer un développement convenable et prompt. Je parlerai d'abord de la chaleur, sujet tellement important que je ne crois pas devoir m'excuser d'y revenir. Puisque les animaux, pour pro-duire la chaleur qui leur est nécessaire, doivent brûler dans leur organisme une certaine quantité d'éléments de la respira-tion et qu'ils ne peuvent produire la graisse qu'en raison de l'excédant de ces éléments sur les besoins stricts de la combus-tion intérieure, il est évident qu'ils doivent être abrités de telle façon qu'ils puissent utiliser pour la production de la graisse la plus grande somme possible des éléments de respiration fournis par leurs aliments. Il est clair aussi qu'en brûlant une livre d'amidon, d'huile, de gomme ou de sucre dans le but de produire de la chaleur, on en produira beaucoup moins qu'en brûlant une livre de charbon. Je crois qu'il viendra un temps où le charbon sera appelé à contribuer à l'engraissement des animaux pendant l'hiver, où les animaux seront artificiellement chauffés et placés dans un milieu tel qu'il leur faudra beaucoup moins de nourriture pour obtenir la chaleur interne qui leur est nécessaire. C'est mon opinion bien arrêtée, que quiconque engraisse des bestiaux devra trouver un jour meilleur compte à brûler du charbon qu'à faire consommer par ces animaux une quantité équivalente des substances que j'ai indiquées plus haut.

Le repos est également nécessaire aux animaux qu'on en-

graisse. Puisque chaque mouvement produit une déperdition
correspondante des muscles qui opèrent ce mouvement, il est
bien clair que plus l'animal s'agitera, plus il faudra d'aliments
pour réparer les déperditions. Tout le monde connaît la différence qui existe entre les porcs à longues jambes d'Irlande,
capables de courir comme un cheval de course, et les petits
porcs de M. Fischer Hobb dont les jambes courtes leur permettraient à peine de se transporter d'un bout à l'autre de cette
salle. La différence d'aptitude à l'engraissement de ces deux
races d'animaux résulte évidemment de la différence d'exercice
que chacune d'elles est susceptible de produire. Pour obtenir
des animaux bien gras et bien charnus il faut les tenir dans
un état presque permanent de repos et d'immobilité, et ne leur
laisser prendre que la somme d'exercice strictement nécessaire
à les maintenir en bonne santé. C'est là un principe sur lequel
tous les praticiens seront d'accord avec moi. Je ne veux pas
dire, qu'on y prenne bien garde, que les animaux soumis à
l'engraissement doivent rester dans un repos absolu, je pense
au contraire que vu le laps de temps assez long qu'exige un
animal pour arriver à un engraissement complet, quelques
exercices sont nécessaires à sa santé. Mais croyez bien que,
dans la généralité des cas, l'engraissement des veaux destinés
à la boucherie par exemple, moins il y aura de mouvement et
meilleurs seront les résultats.

Voici encore un principe de la plus haute importance. On
sait que les animaux qui dorment ou sommeillent fréquemment
forment beaucoup plus de chair que ceux qui sont plus long-
temps à l'état de veille. En rendant sombres les étables on
disposera les animaux au sommeil et par conséquent à un
engraissement plus rapide et plus économique que si on les
exposait à une vive lumière.

Je vais vous montrer maintenant la nécessité d'adopter des

traitements différents pour l'engraissement proprement dit, et pour l'élevage du bétail.

Le traitement spécial à chacun des deux cas diffère essentiellement, et ceux qui ne font pas de distinction ne tardent pas à reconnaître leur erreur. Un traitement identique ne peut produire que des résultats fâcheux. Le jeune animal que l'on élève pour développer sa charpente et ses forces doit nécessairement suivre un autre régime que celui qu'on engraisse pour le mener au marché. On doit chercher à donner au premier une bonne constitution, à développer ses muscles et ses dimensions générales, et tout cela ne peut être obtenu que par de nombreux exercices. Chacun sait que le bras qui se développe le plus chez le forgeron est aussi celui qui travaille le plus. De même les jeunes animaux doivent faire en plein air de fréquents exercices, et pour se développer pleinement ils doivent prendre autant de nourriture appropriée à leur âge qu'ils peuvent en absorber. On commet fréquemment une erreur très-grave à l'égard des jeunes animaux. On admet en effet qu'avant le sevrage on peut leur donner du lait écrémé, ou, en d'autres termes, qu'on peut sans inconvénient sensible priver d'une partie de leurs éléments nutritifs les aliments préparés par la nature à ces jeunes animaux. Il ne peut pas exister d'erreur plus grande. Le lait est un aliment complet. Il est formé de caséine et d'albumine pour la production de la chair, de phosphate de chaux pour le développement des os, de sucre de lait et de matières grasses pour la production de la chaleur; il contient dès lors tous les principes qu'une bonne alimentation peut fournir à un animal. Mais si l'on prélève le beurre et qu'on ne donne au jeune animal que du lait écrémé, on enlève au lait les substances destinées par la nature à la production de la chaleur, et l'animal peut prendre froid et devenir fiévreux. En d'autres termes, la perte d'éléments

nutritifs sera proportionnelle à la quantité de matières préle-
vées. Lorsqu'on a besoin de la crème pour faire du beurre, on
peut lui substituer une infusion de graines de lin, et lorsqu'on
commence à sevrer l'animal, on peut faire un lait puissant au
moyen d'haricots bouillis qui contiennent de la caséine, ou de
graine de lin qui contient de la gomme, avec addition d'un
peu de mélasse ou de sucre : ces substances renferment tout
ce que contient un lait véritable. L'élevage des jeunes animaux
mérite les plus grands soins, et il est nécessaire de leur donner
tous les éléments d'une nutrition complète. On ne doit pas se
borner à leur donner des aliments huileux ou amidonnés, qui
ne rempliraient pas le but qu'on se propose. Même pour l'espèce
humaine, les parents tombent souvent dans une grande erreur,
en nourrissant leurs enfants de fécule seule ou d'autres substances de même nature. Ils supposent que la fécule contient
les principes producteurs de la chair, et il est constant, au
contraire, qu'elle ne contient rien de semblable, qu'elle est
exclusivement formée d'amidon qui lui-même ne contient que
du carbone, de l'oxygène et de l'hydrogène. Pour les personnes
malades et qui ont l'estomac faible, les aliments légers peuvent
être excellents ; mais pour les enfants, pour les personnes en
voie de croissance, c'est le plus mauvais genre de nourriture
qui puisse leur être administré. Les aliments qui contiennent
le plus d'azote sont les meilleurs pour la nutrition. M. Bullock
de Conduit-street prépare aujourd'hui un nouvel aliment
composé de farine de froment, pétrie avec de l'eau jusqu'à ce
que toute la fécule ait été entraînée. Cette préparation contient
six fois autant d'éléments nutritifs que le pain formé de farine
ordinaire : c'est une des meilleures nourritures qui aient jamais
été préparées. Je le dis encore une fois, les jeunes animaux
et ceux qui sont en voie de croissance doivent prendre de
l'exercice : cela est indispensable pour qu'ils puissent se former

une bonne constitution, et que les muscles bien développés par le mouvement dans le jeune âge, puissent acquérir l'ampleur nécessaire à un âge plus avancé.

Je parlerai maintenant de la cuisson des aliments et j'indiquerai la différence qu'il y a entre l'orge et le *malt*. A ce sujet je dois faire observer qu'il existe de nombreuses erreurs sur l'effet de la cuisson des aliments. S'il existe dans les aliments des substances nutritives et utiles, la cuisson n'a pour effet que d'ajouter à leur solubilité. La cuisson rend ces substances plus solubles, et une moins grande quantité d'aliments passera à travers le système sans être digérée. Je ne suppose pas qu'on puisse admettre que de la sciure de bois, par exemple, soumise à la cuisson pendant un laps de temps quelconque, pourrait jamais constituer une bonne nourriture pour les animaux. Les parties insolubles des aliments et qui consistent en matières ligneuses, ne sont pas dissoutes par la cuisson; mais les autres parties, comme l'amidon, la gomme, l'huile ou la graisse sont rendues solubles par l'eau et peuvent être dès lors plus facilement assimilées. Le grand point qu'on doit avoir en vue lorsqu'on soumet les aliments à la cuisson, c'est de les rendre plus solubles, afin que l'animal les absorbe facilement. Mais la question se présente ici sous deux faces, et il est important de ne pas pousser trop loin ce principe. La fonction de la digestion, je n'ai pas besoin de le dire, est une fonction extrêmement importante et qui est loin d'être aussi simple que quelques personnes sont tentées de le croire. Diverses réactions s'opèrent dans la digestion, et chacune d'elles a ses conditions et son intérêt. La sécrétion de la salive en quantité insuffisante peut entraîner des suites fâcheuses pour la santé de l'animal, et lorsqu'ils avalent trop rapidement leur nourriture, les animaux n'entraînent pas avec leurs aliments une quantité de salive nécessaire à une bonne digestion. Il faut éviter les extrêmes sur ce point : il est très-facile de préparer la nourriture du bétail de façon qu'elle ne puisse pas être trop gloutonnement mangée. Sous ce rapport, je n'hésite pas à demander aux praticiens si ma remarque n'est pas corroborée par leur expérience.

De nombreuses discussions ont eu lieu sur la différence de valeur nutritive entre l'orge et le malt. Le gouvernement a ordonné à ce sujet des expériences qui ont été corroborées jusqu'à certain point par celles de M. Lawes. Je considère néanmoins la question comme n'étant pas résolue d'une manière définitive, et je crois que de nouvelles expériences sont nécessaires. Autant que je puis me rendre compte des expériences de M. Lawes, la marche suivie par cet agronome consistait à donner constamment aux animaux une certaine quantité de malt, tandis que selon moi le malt ne devrait être donné ni exclusivement ni constamment, mais seulement comme un stimulant temporaire et simultanément avec une autre nourriture. A n'en pas douter, il y a perte réelle de matière nutritive par la germination et le maltage. Un litre d'orge contient plus de matières nutritives qu'une quantité équivalente de cet orge converti en malt, et il est probable qu'en mouillant simplement l'orge, on obtiendrait tout l'effet qu'on cherche à obtenir en le faisant sécher et le convertissant en malt. J'insiste sur ces considérations, parce qu'il me paraît désirable de faire de nouvelles expériences dans le but d'éclairer cette question et de décider définitivement si le malt employé en plus petite quantité que ne l'ont fait MM. Lawes et Thompson, ne serait pas pour l'alimentation du bétail un auxiliaire utile, et ne les conduirait pas à manger avec plus d'appétit et à s'engraisser plus facilement qu'avec l'emploi de la méthode de ces expérimentateurs.

Je dois dire aussi quelques mots de l'emploi du sel, dont

l'effet dans le système animal est de faciliter la sécrétion de la
bile. La bile se compose essentiellement de matières grasses
carboniques et de soude, et la soude provient, comme vous
le savez, du sel commun. Sans la présence du sel dans les
aliments, la bile ne pourrait se produire. Le sel est donc un
élément nécessaire à l'économie animale. Mais veuillez vous
rappeler, Messieurs, que tout ce qui conduirait à une production
exagérée de bile, empêcherait l'animal d'utiliser une partie
de la nourriture et ferait ainsi obstacle à la production de la
graisse ; car la bile est formée de graisse, d'huile, de sucre, etc.,
et représente en réalité les matières carboniques destinées à la
combustion immédiate. Plus vous produirez de bile, moins
vous produirez de graisse, et vous rendrez un animal d'autant
plus apte à former de la bile, que vous lui donnerez du sel
en plus grande quantité.

Les remarques qui précèdent s'appliquent spécialement aux
animaux qu'on engraisse, et non à ceux qu'on élève. Pour ces
derniers, le sel peut être employé fréquemment avec avantage.
Mais bien que les animaux soumis à l'engraissement aiment le
sel, je crois qu'il n'est pas sage de leur en laisser prendre à
volonté. Il est manifeste que les animaux, surtout en été,
sont très-friands de sel ; mais pour ceux qu'on tient à engraisser
rapidement, il ne faut leur donner de sel qu'en très-petite
quantité. Il faut remarquer d'ailleurs que tous les végétaux
contiennent du sel. Un taureau mange par jour 100 grammes
de sel contenus dans les matières salines ordinaires de sa
nourriture. Si j'étais disposé à donner aux animaux une quantité
additionnelle quelconque de sel, je crois que je préférerais
employer un mode indirect, c'est-à-dire répandre le sel sur le
sol, afin de le faire parvenir ainsi à l'animal par l'intermédiaire
de sa nourriture.

Je désire vous signaler un point important, c'est le choix

des animaux. Je ne prétends nullement indiquer aux praticiens comment ils doivent choisir le bétail qu'ils achètent ou veulent engraisser. Je leur demande seulement la permission de leur faire observer que les animaux qui, sur le marché, ont incontestablement le plus de valeur, sont ceux dont les os., le foie, les poumons et les intestins sont le moins développés. Ceci nous conduit à examiner la constitution et l'aptitude à l'engraissement des différents animaux. Nous savons tous qu'à une période avancée de l'engraissement les animaux consomment moins de nourriture qu'à l'origine. Naturellement plus il y a d'oxygène introduit dans le système par les poumons, plus la combustion des éléments de respiration est active, et moins il y a de graisse produite. Les animaux les moins pourvus en poumons, en foie et en intestins consomment la plus faible quantité de nourriture, et auront cependant la plus grande aptitude à l'engraissement. Ils brûleront moins de substances carbonées et sécréteront moins de bile : avec une quantité donnée de nourriture ils produiront par conséquent plus de graisse. Pour l'espèce chevaline, ce qu'on doit rechercher, cé sont les poumons développés. Ce qui est le plus nécessaire au cheval, c'est l'air. On n'engraisse pas les chevaux, et le maintien d'une allure rapide sera subordonné au développement de leurs poumons. La marche à suivre pour les chevaux est donc totalement différente de celle que j'ai indiquée pour les animaux soumis à l'engraissement. Je ferai néanmoins observer que les animaux engraissés suivant la méthode que j'ai décrite sont évidemment plus délicats et plus accessibles à la maladie que ceux qui, dès l'enfance, ont été exposés aux influences variables du climat. Il serait donc important de rechercher si nous ne poussons pas trop loin nos méthodes d'élevage, et si pour obtenir des animaux délicats et précoces nous ne nous exposons pas à subir parfois des pertes.

J'appellerai maintenant votre attention, Messieurs, sur la ventilation dont l'imperfection ou le défaut est, je crois, une des causes principales des mécomptes des cultivateurs. J'ai, sur différents points du pays, visité des étables et des barraques non seulement impropres au séjour de l'homme, mais encore au séjour d'un animal quelconque, et où cependant le bétail est obligé de respirer un air irrespirable. J'ai pensé que toutes les recommandations que je pourrais faire à ce sujet vous feraient moins saisir la nécessité d'établir avec soin un bon système de ventilation que quelques expériences directes. Ces expériences, je vais les faire devant vous dans l'espoir que j'atteindrai mon but. Les gaz nuisibles rendus par les poumons ont de la simi-litude avec les gaz qui s'échappent de nos cheminées. Nous savons tous qu'une personne qui s'enfermerait dans une cham-bre hermétiquement close, après avoir allumé un réchaud de charbon, ne tarderait pas à mourir; les gaz s'échappant du réchaud produiraient infailliblement l'asphyxie. De même tout animal peut être asphyxié par les gaz que dégagent ses poumons; et quand les étables et autres lieux ne sont pas suffisamment ventilés, l'accumulation de ces gaz peut à la longue déterminer la mort. Ces gaz nuisibles résultent de la combustion de tous les corps qui contiennent du carbone, et l'une de ses propriétés consiste à former un précipité blanc avec un lait de chaux ou de l'eau de baryte. Je place un verre ordinaire sur la flamme d'une chandelle ou sur du papier enflammé, je ferme ensuite avec la main l'orifice du verre et il me suffit d'y verser un lait de chaux pour obtenir un précipité blanc. (L'expérience est faite.)

Pour montrer plus clairement et plus facilement les proprié-tés de ce gaz appelé par les chimistes gaz acide carbonique, je prendrai ce morceau de craie qui est du carbonate de chaux, si je place cette craie dans un vase et que je verse sur le tout un peu d'acide muriatique et de l'eau, l'acide carbonique fera place à l'acide muriatique, se dégagera, et nous pourrons, en le recueillant, examiner directement ses propriétés. (Le gaz est préparé). Ce gaz est plus lourd que l'air qui très-probablement a été entièrement chassé du verre ; nous allons le vérifier en y introduisant une bougie éclairée qui ne tardera pas à s'éteindre. Si je verse un peu de ce gaz dans cet autre verre contenant un lait de chaux, vous voyez se former le même précipité blanc que celui que nous avons déjà obtenu au moyen du même gaz provenant de la combustion d'un corps contenant du carbone ; et quoique vous n'aperceviez pas ce gaz parce qu'il est incolore, il me suffit de verser ce verre en apparence vide sur la flamme d'une bougie pour l'éteindre aussitôt. Tout ce qui éteint la flamme peut aussi éteindre la vie animale : l'un des effets est aussi positif que l'autre. C'est ce gaz que je viens de produire que le mineur nomme *feu grisou* et qui détruit la vie de tant de personnes lorsqu'une explosion de grisou a lieu. Ce n'est pas l'explosion elle-même qui tue le plus grand nombre des mineurs, c'est le gaz qui les asphyxie lorsqu'ils ont été épargnés par l'explosion. Voyez maintenant : avec le gaz qui s'échappe de mes poumons je vais produire le même précipité que nous avons déjà obtenu de différentes manières. Je dois dire ici que le volume de gaz délétère produit journellement par un homme est de 75 centièmes de mètre cube, et le volume produit par une vache dans le même laps de temps est de plus de 3 mètres cubes et demi. Ces nombres représentent d'ailleurs le volume d'oxygène qui s'unit au charbon pour produire dans l'économie animale la chaleur nécessaire. Il s'opère donc une double altération fâcheuse toutes les fois que des animaux n'ont à respirer qu'une insuffisante quantité d'air. D'un côté l'oxygène, sans lequel on ne peut vivre, est absorbé ; de l'autre il est remplacé par l'acide carbonique qui est un poison mortel. Il est facile de concevoir les funestes conséquences qui peuvent résulter du manque de soin à cet égard. Ce que le Tout-Puissant a fait sous ce rapport nous montre bien l'importance de la question. Dieu a tellement disséminé l'acide carbonique que 10,000 mètres cubes d'air n'en contiennent que deux de ce gaz. L'expérience a démontré qu'un air contenant seulement 5 p. 0/0 d'acide carbonique est tout-à-fait impropre à la respiration. Si donc vous vouliez connaître le volume d'air vicié par un cheval, en 24 heures, vous n'auriez qu'à multiplier 6 mètres cubes d'acide carbonique par 20, et vous auriez un volume de 120 mètres cubes d'air qu'un cheval peut rendre complètement délétère en un jour, soit 60 mètres cubes en 12 heures. On doit comprendre combien l'air des étables peut être facilement vicié. L'air contenant 4, 3, 2 et même 1 p. 0/0 d'acide carbonique est plus ou moins nuisible. Au point de vue de l'économie et de la balance des comptes, aucun sujet ne saurait donc avoir plus d'importance que celui de la ventilation. Si l'on n'y prend garde, on donnera aux animaux une excellente nourriture qui se transformera en poison : on ne fera que dilapider ses capitaux.

Ainsi que je l'ai déjà dit, Messieurs, je ne puis que vous exposer les principes et vous laisser le soin d'en constater l'exactitude par l'application. Tant de faits se rattachent à cet important sujet, qu'il m'eût été impossible de les signaler tous. J'espère toutefois en avoir dit assez pour provoquer votre attention et votre examen.

Avant de terminer, je parlerai de la nécessité de mélanger les différents genres de nourriture, pour favoriser une bonne et saine digestion. Vous devez toujours mélanger convenablement les matières azotées et celles qui ne le sont pas. Vous savez que les carnivores se nourrissent exclusivement de viande; et entre eux et les herbivores il doit y avoir une grande

différence d'alimentation. La proportion convenable des mélanges ne pourrait être utilement déterminée que par une série
d'expériences ; mais on doit avant tout veiller à ne pas donner
en excès l'une ou l'autre des substances indiquées plus haut.
L'excès d'un genre spécial d'aliments peut très-bien altérer
la santé d'un animal. La question de savoir jusqu'à quel point
le tourteau doit être employé à l'engraissement du bétail n'est
même pas parfaitement établie. Je crois que dans un grand
nombre de cas on donne cet aliment à trop fortes doses. Certains cultivateurs donnent à leurs animaux de fortes rations
de tourteau, parce qu'ils supposent que si le tourteau ne profite
pas aux animaux eux-mêmes, il communique du moins en
passant par leur corps une valeur importante au fumier. Tout
ce que je puis dire à ce sujet, c'est que 1,000 kilogrammes
de guano égalent en puissance fertilisante 2,500 kilogrammes
de tourteau, et que le fumier produit serait dès lors payé trop
cher si la consommation du tourteau et sa transformation partielle en bœuf ou en mouton ne devait assurer aucun bénéfice.
Quand on sait qu'une partie des aliments traverse le système
animal sans être digérés, quand on sait que des granules d'a-
midon passent quelquefois sans avoir reçu la moindre action
des liquides de l'estomac, on ne peut se dispenser d'admettre
qu'en donnant aux animaux des rations exagérées de tourteau
on s'expose à voir passer intact cet aliment, et par conséquent
à subir inévitablement des pertes pécuniaires.

J'écrivis, il y a quelque temps, à mon ami Méchi, et récla-
mai son concours pour la démonstration que je comptais faire
dans cette conférence, relativement à l'emploi du tourteau.
Mais je suis fâché de dire que mon espoir a été déçu. Le point
que je voulais éclaircir est le suivant : quelle est la quantité
maximum de tourteau que peut entièrement et complètement
digérer un jeune animal en un jour? J'aurais désiré qu'un

jeune bœuf reçut, durant trois jours, trois livres de tourteau par exemple, et qu'un échantillon de ses excréments me fût envoyé pour être soumis à l'analyse. Les trois jours suivants on aurait donné au même bœuf six livres de tourteau par jour, puis neuf et ainsi de suite. J'aurais analysé les divers échantillons des excréments provenant de cette alimentation et j'aurais déterminé exactement la quantité d'azote et de matières grasses que chacun d'eux aurait pu contenir. Je serais ainsi parvenu à me rendre un compte exact de la quantité de tourteau qui, dans chacun de ces cas, traversait sans altération le corps de l'animal.

Je n'abuserai pas plus long-temps de votre attention. Je dirai seulement, et ce sera ma conclusion, que comme agriculteurs vous devez aimer la science. La vraie science ne saurait faire fausse route, et je crois qu'il en est de même de la pratique intelligente. Ce qu'il serait désirable d'obtenir, c'est l'union de la science et de la pratique. Il serait surtout désirable de voir réunies dans le même homme la pratique et la science. Mais tant qu'il ne pourra en être ainsi, tant que la nouvelle génération n'aura pu encore appliquer les principes qu'on lui enseigne aujourd'hui, nous devons tous rechercher l'entente et l'harmonie entre le savant et le praticien.

Le savant, digne de ce nom, qui connaît les exigences de la culture ne songera jamais à remplacer par des théories de son crû les expériences consacrées par le temps. Le praticien, de son côté, ne doit pas se hâter de jeter la pierre au savant, parce qu'il ne saurait expliquer tous les phénomènes de la nature.

— ◆ —

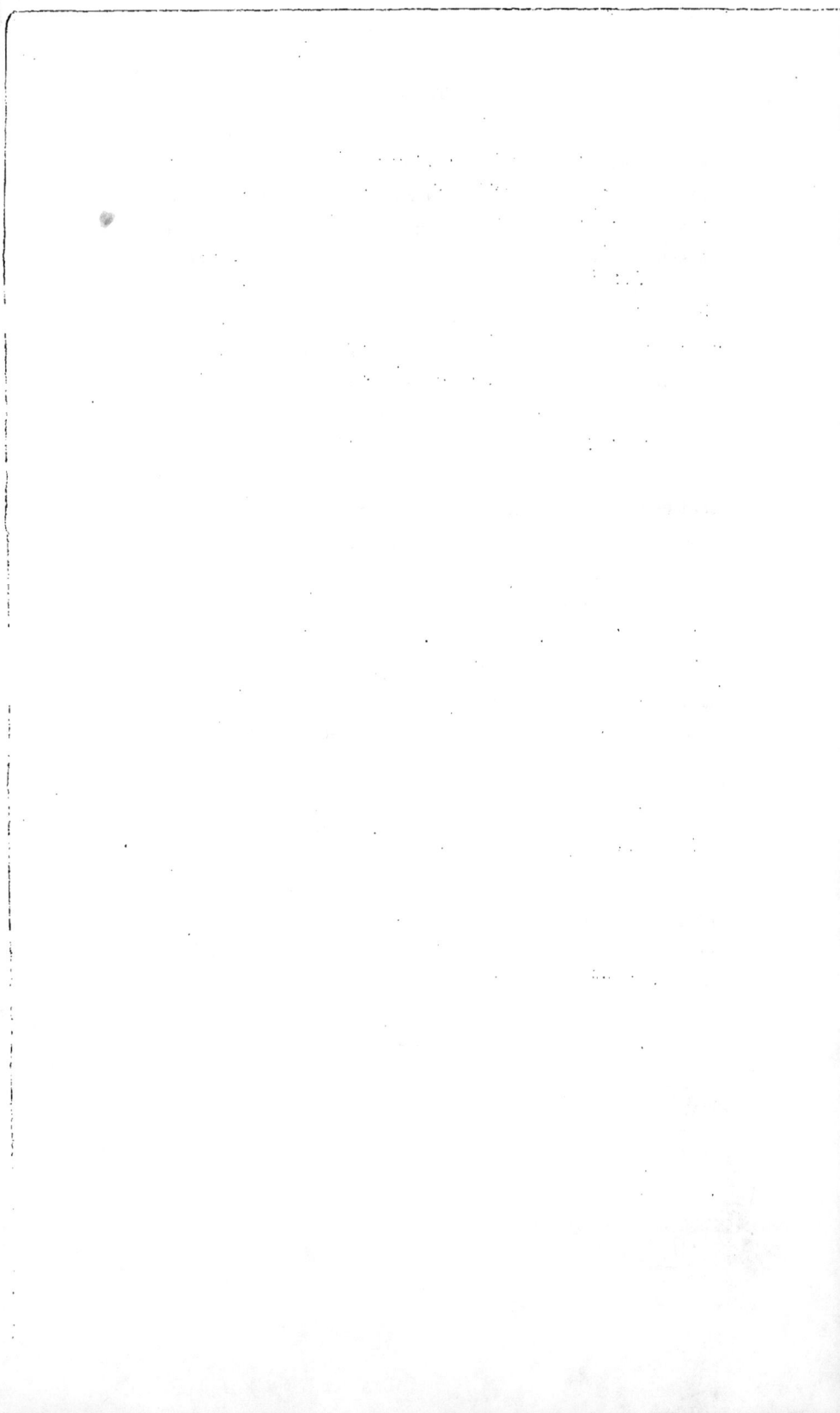

CHAPITRE V.

DU GUANO DU PÉROU. — SON HISTOIRE, SA COMPOSITION, SES PROPRIÉTÉS FERTILISANTES, ET SON MODE D'APPLICATION AU SOL.

Si l'on étudie l'histoire de l'agriculture pendant les vingt années qui viennent de s'écouler, il est impossible de ne pas être frappé du progrès si remarquable qu'ont fait durant la dernière moitié de cette période, la science et la pratique agricoles.

Le génie mécanique s'est révélé par l'invention d'une variété surprenante de nouveaux instruments adaptés à une culture plus productive du sol. La vapeur elle-même, autrefois confinée exclusivement dans les manufactures, prête aujourd'hui son concours puissant aux agriculteurs. Le drainage a permis de cultiver utilement et avec fruit des milliers d'hectares humides et sans valeur, et d'améliorer d'une manière efficace et définitive une surface plus importante encore de terrains imparfaitement assainis par les procédés anciens.

Mais le trait le plus saillant de cette période de progrès est, à mon sens, l'introduction dans la pratique agricole des engrais dits *artificiels*.

Antérieurement à 1840, et si l'on excepte quelques usines locales pour la préparation des vidanges, les seuls engrais artificiels connus étaient les os, le sel et le gypse.

L'introduction des os, quelques années auparavant, rendit

de grands services aux agriculteurs ; elle leur fournit le moyen d'assurer la récolte qui fait la base essentielle de la rotation quadriennale, *le turneps.*

Pour les sols appauvris du Chelshire et les contrées où se produit le fromage, les os furent aussi d'un puissant secours, et leur importance fut appréciée.

La publication de la première édition de la *Chimie agricole* de Liébig en 1840 marque une ère nouvelle en agriculture. Depuis lors le chimiste a dirigé plus spécialement ses investigations vers les vrais principes de la fertilité, le commerçant a songé à importer de l'étranger les engrais les plus précieux, et le cultivateur a recueilli le bénéfice des efforts faits par le commerçant et le chimiste.

Que l'augmentation du degré de solubilité des os et des autres phosphates dût entraîner un accroissement correspondant de puissance fertilisante, telle était la pensée de Liébig. Ce grand chimiste recommanda en 1840 de substituer à l'emploi des os, l'emploi d'une substance bien connue des chimistes sous le nom de *superphosphate de chaux*, et susceptible d'être tirée des os et des autres phosphates par l'action de l'acide sulfurique. La pratique a montré plus tard tous les avantages de la méthode conseillée par Liébig.

L'introduction d'excréments d'oiseaux sous le nom de *guano*, et la découverte dans le comté de Suffolck et autres lieux d'une immense quantité d'os fossiles connus sous le nom de *coprolites*, se sont succédées rapidement, et il n'y a pas lieu de douter que ces diverses découvertes n'entraînent pour l'agriculture une révolution complète.

La forme concentrée de la plupart des engrais artificiels purs les rend spécialement applicables aux terrains montagneux de notre pays, où le transport des fumiers ordinaires était à la fois difficile et coûteux. Un wagon peut aujourd'hui facilement suffire à la fumure de 15 à 20 acres de turneps; il fallait autrefois 15 à 20 charges de fumier pour un acre.

De tous les engrais artificiels, le guano n'est pas seulement le plus concentré, c'est peut-être celui dont la composition est le mieux adaptée aux besoins du plus grand nombre de récoltes. Les principaux composés minéraux des plantes , la chaux , la magnésie, la potasse, la soude, le chlore, l'acide sulfurique , l'acide sulfurique, l'acide phosphorique (ce dernier le plus important de tous) se trouvent dans le guano. L'azote, l'élément le plus précieux des engrais, y existe en grande abondance, et dans des conditions qui le rendent tout à fait propre à la végétation.

L'emploi du guano dans le Pérou remonte à une période très-ancienne. Les précautions les plus minutieuses étaient prises par les chefs indigènes et par leurs successeurs espagnols pour sa conservation et pour celle des oiseaux qui le produisent. A une certaine époque on alla jusqu'à infliger la peine de mort à quiconque dérangeait ces oiseaux durant la période des nichées.

Les îles de Chincha qui contiennent le grand dépôt de guano sont situées dans l'Océan-Pacifique, à une distance d'environ 18 kilomètres de la côte du Pérou, et à une latitude comprise entre le 13ᵉ et le 14ᵉ degré. C'est une zône dénuée de pluie , à température sèche, et où le soleil darde avec force ses rayons brûlants. Les mers environnantes contiennent une multitude innombrable de poissons; et des myriades d'oiseaux, après avoir durant le jour satisfait leur appétit vorace au détriment de ces poissons, ont fait de ces îles, et depuis les temps les plus reculés, leur habitation de nuit et le réceptacle de leurs excréments. Sous l'influence de ce climat brûlant, l'excès d'humidité de ces matières s'évapore rapidement, la décomposition est suspendue, et par suite d'une accumulation constante remontant à des milliers d'années, ces dépôts extraordinaires ont pu atteindre sur plusieurs points une épaisseur de 30 mètres.

Le guano, tel qu'on le trouve dans ces îles, varie peu dans sa composition. Vers le sud-ouest, les dépôts sont plus exposés aux flots de la mer soulevés par les vents. Quelques-uns ont ainsi perdu une bonne partie de leur ammoniaque et ne sont pas importés en Angleterre. Dans les autres, l'altération est insignifiante. Il en est enfin qui ont simplement perdu leur couleur primitive, sans avoir subi d'altération (1).

Il n'était pas nécessaire d'appeler les investigations des chimistes et les expériences des agriculteurs pour prévoir que les excréments d'oiseaux nourris à satiété d'aliments animaux, devaient avoir une grande puissance fertilisante; mais chimistes et agriculteurs s'accordent à établir la haute position prise par le guano dans le catalogue des engrais : les premiers en comparant sa composition à celle des autres matières fertilisantes connues, les derniers par des expériences directes sur le sol.

Depuis long-temps les chimistes admettent que l'ammoniaque et le phosphate de chaux sont les plus précieux et les plus importants des éléments qui composent les plantes, et par conséquent de tous ceux qui forment les engrais appelés à aider au développement végétal. Cette opinion, établie d'abord par de nombreuses analyses, a été corroborée ensuite par des expériences pratiques. Il est parfaitement démontré, par exemple, que de deux échantillons de fumier de ferme, celui qui en pratique donne les meilleurs résultats, est celui qui, soumis à

(1) MM. Ant. Gibbs et fils, agents du gouvernement péruvien, sont les seuls intermédiaires par lesquels le guano du Pérou puisse être introduit dans le commerce anglais.

M. Marco del Ponte, rue St-Lazare, 31, à Paris, est chargé en France de l'administration générale du guano péruvien.

l'analyse, accuse le plus d'ammoniaque et de phosphate de chaux. Il est bien notoire que les graines des végétaux contiennent plus d'ammoniaque et de phosphate de chaux qu'aucune autre partie de la plante, et il n'est pas moins connu que les excréments des animaux nourris de ces graines contiennent ces matières en bien plus grande quantité que les excréments provenant d'animaux nourris avec du foin, de la paille ou des racines. De là l'usage de nourrir des animaux avec du tourteau (graine de lin écrasée) pour obtenir une meilleure qualité de fumier. On démontre encore le même fait en observant que les engrais artificiels les plus généralement employés par les agriculteurs sont ceux qui contiennent en plus grande abondance l'ammoniaque et le phosphate de chaux, et que ces éléments sont précisément eux qui ont sur le marché le plus de valeur et atteignent le plus haut prix.

La comparaison de la composition des excréments de divers animaux et du fumier de ferme avec celle d'un guano de qualité moyenne, sera donc un moyen sûr d'établir la puissance fertilisante de chacun de ces engrais.

La table suivante contient les analyses de différents engrais faites par M. Boussingault et autres chimistes bien connus, en même temps que celles des excréments humains et d'un échantillon de guano ordinaire. Ces deux dernières analyses ont été faites au collége de Kennington.

	FUMIER de FERME.	FUMIER de CHEVAL.	FUMIER de VACHE.	FUMIER de PORC.	EXCRÉMENTS HUMAINS solides et liquides.	GUANO du PÉROU.
Eau..............	79 30	76 17	86 44	82 00	94 24	18 35
Matières orga- niques	14 03	19 70	11 20	14 29	4 72	51 25
Matières inor- ganiques	6 67	4 13	2 36	3 71	1 04	30 40
Totaux...	100 00	100 00	100 00	100 00	100 00	100 00
Azote	0 41	0 65	0 36	0 61	0 94	13 88
Equival' d'am- moniaque....	0 49	0 78	0 43	0 74	1 14	16 85

MM. Boussingault, Payen et plusieurs autres de nos premiers chimistes agronomes, ont été conduits à conclure que la valeur des différents engrais est presque toujours directement propor- tionnelle à la quantité d'azote qu'ils contiennent. Il peut y avoir des cas où cette règle serait trop absolue ; mais il est constant que dans la plupart des engrais naturels une augmentation de phosphate de chaux et des autres éléments les plus utiles correspond régulièrement à une augmentation d'azote. Dans le tableau ci-dessus, par exemple, l'azote qui figure pour 13 88 p. 0/0 dans le guano du Pérou, est accompagné de 30,40 p. 0/0 de matières inorganiques, sur lesquelles 23,60 ou plus des deux tiers sont du phosphate de chaux.

Si on prend dès lors le taux de l'azote que contient un engrais comme l'expression exacte de sa valeur, on voit qu'une tonne de guano égale en valeur :

33 1/2 tonnes de fumier de ferme ;

21   tonnes de fumier de cheval ;

38 1/2 tonnes de fumier de vache ;

22 1/2 tonnes de fumier de porc ;
14 1/2 tonnes d'excréments humains mêlés.

Je laisse au cultivateur des contrées montagneuses, ou de tout autre pays où le transport est coûteux, le soin d'apprécier les faits qui précèdent.

Bien qu'un bon cultivateur doive s'efforcer de produire autant de fumier qu'il peut convenablement le faire, cependant le fumier de ferme peut dans certains cas être acheté trop cher, et il est positif que dans diverses fermes le transport est un article si coûteux que l'introduction du guano dans celles qui ont à faire des transports éloignés, produira des économies réelles, tout en procurant la même fertilité.

Ici se présente la question suivante : Les propriétés fertilisantes du guano sont-elles dissipées en une seule année, ou bien son action se fait-elle sentir dans les années subséquentes ? Si l'on examine la composition chimique du guano, on trouve qu'il occupe une position intermédiaire entre les engrais qui, étant entièrement solubles, produisent un effet immédiat, et cette autre classe d'engrais qui, comme les os, se décomposent lentement dans le sol et ne cèdent qu'avec difficulté leurs principes fertilisants. En fait, le guano possède les avantages des uns et des autres. L'analyse nous montre que la moitié environ de ses éléments utiles est soluble dans l'eau, et par conséquent propre à l'alimentation immédiate des végétaux ; l'autre moitié, au contraire, reste long-temps dans le sol et ne dégage que par une décomposition lente la nourriture des plantes. L'acide phosphorique soluble, qu'on a trouvé avantageux d'extraire des os par l'action de l'acide sulfurique, existe naturellement dans le guano. Dans un guano qui contient 12,70 d'acide phosphorique et 17 p. 0/0 d'ammoniaque, l'eau dissout environ 6 p. 0/0 d'acide phosphorique équivalant à 13 p. 0/0 de phosphate de chaux à l'état soluble, et au moins 8 p. 0/0 d'ammoniaque. Par ses éléments peu facilement solubles, le guano convient donc aux sols les plus légers dans lesquels l'infiltration des eaux pluviales entraîne rapidement les matières solubles, et par ses éléments solubles, il convient aux terrains forts dans lesquels la décomposition étant plus lente, une certaine provision de matières solubles est en tout temps nécessaire.

La présence dans le guano d'une quantité considérable de phosphate à l'état soluble est un fait d'une grande importance, puisque c'est là l'élément qu'on est aujourd'hui obligé d'obtenir artificiellement par l'action des acides sur les os et les autres phosphates.

En réalité, le guano a de l'analogie avec le superphosphate de chaux ; comme lui il contient des phosphates solubles et des phosphates insolubles, et en quantités égales aux super-phosphates fournis par le commerce.

Au prix actuel du guano, il est plus que douteux que le mode employé pour augmenter la valeur des engrais par une addition de tourteaux à l'alimentation du bétail, soit écono-mique. Si le tourteau doit ses propriétés fertilisantes à l'azote et aux phosphates de chaux qu'il contient, il est constant, d'après les analyses faites par divers chimistes, que le guano du Pérou procure ces substances à bien meilleur marché. Dans une conférence faite dernièrement aux agriculteurs de Dor-chester, j'ai établi ce fait de la manière suivante :

« Il est nécessaire d'éclaircir ici une question d'une grande importance : L'emploi d'aliments préparés, comme le tourteau, est-il le moyen le moins coûteux d'introduire le phosphate de chaux et l'ammoniaque dans le sol ? Un grand nombre de cultivateurs se tiennent pour satisfaits si le prix de vente d'un animal gras suffit à couvrir le prix du tourteau employé, ainsi que le prix d'acquisition avant l'engraissement ; ils négligent à la fois les turneps et le foin, etc., également consommés par l'animal. Il paraît évident qu'un système de fertilisation aussi coûteux ne saurait être utilement employé qu'à la condition de retirer du tourteau un bénéfice quelconque en bœuf ou en mouton. Il peut être utile de fixer à ce sujet les idées des cultivateurs intelligents par le tableau suivant où sont mises en regard la puissance fertilisante des tourteaux de lin et de colza, ainsi que celle du guano.

	TOURTEAU ORDINAIRE de Liverpool.	TOURTEAU ORDINAIRE de Londres.	TOURTEAU ORDINAIRE de Marseille.	TOURTEAU de colza.	GUANO du Pérou.
	Kilog.				
Eau.............	120 00	133 80	122 20	87 00	120 00
Matières organiqu^s.	777 00	760 60	767 40	739 10	398 10
Azote............	48 50	51 30	52 60	51 00	131 60
Matières inorganiques..........	54 50	54 10	57 80	122 90	350 30
TOTAUX....	1,000 00	1,000 00	1,000 00	1,000 00	1,000 00
Equivalent d'ammoniaque.......	57 90	61 55	63 10	61 20	157 90
Dosage de l'acide phosphorique ...	21 00	13 85	17 55	21 20	100 00
Dosage de la potasse..........	11 90	8 55	11 65	12 00	30 00

« De la table précédente il résulte qu'une tonne de guano du Pérou contenant 16 p. 0/0 environ d'ammoniaque introduira dans le sol six fois autant de phosphate de chaux, presque trois fois autant de potasse et plus de deux fois et demi autant d'ammoniaque que le meilleur tourteau. Faire consommer du tourteau par les animaux sans bénéfice direct est une opération ruineuse ; et ce surcroît de dépenses ne peut se comprendre et s'expliquer rationnellement que lorsque la consommation du tourteau donnera lieu à un accroissement direct de bœuf ou de mouton. »

L'opinion qui précède est partagée par l'une des sociétés les plus avancées de l'Angleterre. Le club des fermiers de Botley a reconnu à l'unanimité que partout où le fumier fait défaut pour la récolte de blé, il est plus économique d'employer les engrais concentrés, c'est-à-dire riches, que d'acheter d'autres engrais, et qu'une somme d'argent consacrée à l'acquisition du guano produira plus de blé qu'une somme égale affectée à l'achat de tourteaux ou de céréales qu'on voudrait convertir en fumier après en avoir nourri le bétail. En parlant de cette décision de la Société de Botley, M. Vernon-Harcourt dit :

« Toutes les expériences que j'ai faites corroborent cette opinion. »

Je laisse ces faits et ces opinions à l'appréciation des cultivateurs qui cherchent à allier une bonne culture à une fumure économique, et vais rechercher maintenant quelles sont les meilleures méthodes et quel est le temps le plus favorable pour l'application du guano aux différents genres de récoltes.

Mode d'application du guano au sol.

Il suffit de quelques réflexions sur ce sujet pour se convaincre qu'avant d'établir des règles pratiques pour l'application du guano, on doit comparer avec soin les propriétés du sol avec celles de l'engrais qu'on va lui appliquer. Il faut également tenir compte de l'état de l'atmosphère aux diverses saisons et spécialement en ce qui concerne l'humidité. La nature de la récolte exercera aussi une influence matérielle sur la quantité de guano à employer et sur l'époque de son application.

Les praticiens connaissent depuis long-temps les différences extrêmes que présentent les divers terrains relativement à leur faculté de retenir les engrais qui leur sont confiés. Sur certaines terres les effets de l'application d'une quantité déterminée de fumier de ferme seront sensibles pendant plusieurs années. Sur d'autres, au contraire, ces mêmes effets ne seront sensibles que pendant un laps de temps beaucoup plus court. La première classe de ces terrains comprend les bancs marneux, les terrains argileux, et en général tous les terrains forts. La seconde classe comprend les terrains sablonneux, graveleux, crayeux et autres terrains légers si judicieusement appelés par les cultivateurs *terrains altérés.*

Ces différentes variétés de sol possèdent des propriétés chimiques et physiques différentes. Les terrains forts contiennent généralement plus d'alumine et d'oxyde de fer que les terrains légers; ils sont aussi moins poreux, même quand ils sont drainés; les particules qui les composent sont plus fines et leur puissance absorbante beaucoup plus grande. L'absence d'une grande porosité ne permet pas à l'atmosphère d'agir trop rapidement sur les engrais dans ces sols, et leur puissance absorbante les rend propres à retenir les éléments liquides et volatils et même de soutirer à l'atmosphère une certaine quantité de ces éléments.

Il n'en est pas de même des sols légers sur lesquels l'atmosphère, par suite de leur extrême porosité, agit librement et à une grande profondeur. L'engrais s'y décompose rapidement, et à moins que ces terrains ne soient couverts d'une récolte prête à absorber immédiatement les éléments fertilisants au fur et à mesure qu'ils seront rendus solubles, ces éléments seront entraînés par les eaux pluviales, ou s'ils deviennent volatils, ils seront dans une certaine mesure absorbés par l'atmosphère. Les terrains légers réclament donc un traitement tout autre que les terrains forts. On peut appliquer à ces derniers de fortes doses de fumure sans qu'une perte sensible en résulte pendant quelque temps du moins autrement, que par l'action des récoltes venues à la surface. Sur les sols légers, au contraire, les engrais et même le fumier de ferme ne doivent être appliqués qu'en moins grande quantité à la fois, mais plus souvent. Les terres légères offrent donc, comme on le voit, l'avantage de décomposer plus rapidement les engrais et par conséquent de les rendre plus immédiatement assimilables par les plantes. C'est pour cette raison entr'autres que les sols légers sont recherchés par les maraîchers qui, par leurs fumures et leurs récoltes fréquemment renouvelées, démontrent pratiquement comment les sols légers peuvent être utilisés d'une manière efficace.

Il ne sera pas sans intérêt de citer ici quelques expériences faites à Kennington dans le but d'obtenir des données positives sur les propriétés du guano et sur l'action que les sols légers exercent sur cet engrais.

1re *Expérience.*

Une petite quantité de guano Péruvien fut placée dans une soucoupe recouverte d'une cloche de verre contenant une feuille de papier tournesol et fut humectée d'eau distillée. Dans l'espace d'une ou deux heures la feuille devint sensiblement bleue, ce qui indique le dégagement d'une petite quantité d'ammoniaque provenant du guano et résultant de la simple exposition du guano à l'air (1).

2e *Expérience.*

Une certaine quantité de guano fut mêlée à quatre ou cinq

---

(1) Le papier tournesol est rendu bleu par l'action de l'ammoniaque et des autres alcalis ; il est ramené au rouge par les acides.

fois son poids de terreau léger. Le tout fut légèrement humecté et recouvert , comme dans l'expérience précédente, d'une cloche en verre. Le papier tournesol devint bleu en deux ou trois heures.

Cette expérience prouve que ma petite quantité de terreau mélangé au guano n'empêche pas le dégagement de l'ammoniaque.

3e *Expérience.*

12 grammes de guano furent intimément mêlés à 1 kilogr. 200 de sol léger, et le tout fut recouvert comme ci-dessus , après avoir été très-légèrement humecté. Après vingt-quatre heures, la feuille de papier tournesol était tachée de bleu. Un peu d'eau distillée fut ensuite ajoutée. Après un autre jour d'attente les taches étaient devenues beaucoup plus apparentes.

Il résulte de cette expérience que même une forte proportion de sol n'empêche pas un certain dégagement d'ammoniaque. Une autre expérience a d'ailleurs démontré d'une manière positive que le sol lui-même exhale de petites vapeurs ammoniacales.

4e, 5e et 6e *Expériences.*

Ces expériences ont été faites sur une parcelle de prairie appartenant à l'Institut de Kennington. Deux parties de la parcelle avaient été, deux mois auparavant, fumées avec du guano, à raison de 300 kilogrammes environ par hectare. Une autre partie n'avait reçu aucune fumure. Une cloche de verre, munie de papier tournesol , fut placée sur chacune des trois parties. Après quelques jours, on reconnut que le papier tournesol avait légèrement bleui sous chacune des cloches, mais d'une façon sensiblement plus apparente sur les parties où la terre avait reçu du guano. Pendant le temps consacré à ces expériences, un vent nord-est régnait, et la température était très-basse. L'herbe ne donnait aucun signe de croissance.

On conclut de ces expériences qu'il y a généralement un dégagement très-faible d'ammoniaque sur les prés fumés ou non fumés pendant la saison où la vie végétale n'est pas active.

7ᵉ Expérience.

Une partie du sol préparé pour la 3ᵉ expérience fut placée dans du papier Joseph, et on y versa une certaine quantité d'eau distillée. Le liquide filtré n'exerça aucune action sur le papier tournesol. Le papier, au contraire, ayant été essayé par la méthode habituelle, c'est-à-dire traité par l'hydrate de chaux après toutes précautions désirables prises, devint rapidement bleu.

De cette expérience il résulte que l'eau peut dissoudre et entraîner une partie de l'ammoniaque d'un guano mêlé à un sol léger dans la proportion de 1 à 1,000.

La différence des sols n'est pas la seule circonstance qu'on doive prendre en considération. Le climat des différentes parties des Iles Britanniques est entièrement variable. En Irlande, en Ecosse, dans les contrées de l'Ouest, de Cornwal à Cumberland, la quantité d'eau pluviale est probablement double de celle qui tombe dans les comtés de Suffolck, de Norfolck et sur les côtes de l'Est en général. L'air y est aussi constamment plus humide, et c'est pour ce motif que cette partie des Iles Britanniques est plus propre à la culture des racines et des plantes fourragères, et moins appropriée à la culture du blé. Le guano peut donc y être employé à plus fortes doses, et à toutes les époques de l'année, sans entraîner l'inconvénient de *brûler les récoltes*, ce qui arriverait dans nos contrées de l'Est. Dans les districts de cette dernière région, le guano ne doit jamais être employé en couverture et par un temps sec, mais seulement par un temps humide ou pluvieux.

Dans les climats humides le blé est sujet à la verse. L'emploi du guano ne doit dès lors s'y faire qu'avec précaution et prudence. 100 à 150 kilogrammes de guano par acre, mêlés à 200 kilogrammes de sel, forment une fumure très-suffisante dont on ne doit employer que la moitié à l'époque des semailles, réservant l'autre moitié pour le printemps.

De ce qui précède et de l'observation de divers autres faits, on peut déduire les règles générales suivantes pour l'application du guano :

1° Le guano doit être employé par un temps pluvieux ou humide.

2° Le guano ne doit pas être appliqué aux prairies passé le mois d'avril.

3° Lorsqu'on emploie le guano à la fumure d'une terre arable, il doit être immédiatement mêlé au sol par un hersage ou par un labour.

4° Lorsque le blé est semé de bonne heure en automne, il ne faut employer qu'une légère fumure de guano, sauf à fumer de nouveau au printemps. S'il en était autrement, le blé pousserait trop vite et pourrait être endommagé par les froids ultérieurs.

5° Le guano et les autres engrais artificiels ne doivent être employés qu'en quantité strictement nécessaire à la récolte que l'on veut obtenir; et on ne doit jamais chercher à pourvoir par leur moyen à la fumure des récoltes subséquentes. Chaque récolte doit avoir sa fumure spéciale.

6° Le guano, avant son application, doit être mélangé à cinq ou six fois au moins son poids de cendres, de charbon ou de sable fin.

8

7° Le guano, dans aucun cas, ne doit être mis en contact direct avec la semence.

Si les règles qui précèdent sont ponctuellement suivies, on évitera le retour de ces pertes ennuyeuses de temps et d'argent que plusieurs cultivateurs, même des plus intelligents, ont eu à subir par suite d'une connaissance encore imparfaite des engrais concentrés.

Pour mieux prévenir encore l'emploi irrationnel qu'on pourrait faire du guano, nous allons décrire maintenant les meilleures méthodes de son application aux diverses cultures de ce pays.

Modes d'application du guano aux diverses cultures. — Sa préparation avant son emploi.

Soit qu'on répande le guano à la main, soit qu'on le répande en lignes, il faut toujours avant de l'employer le mélanger à quatre ou six fois son poids de cendres de bois (1), de tourbe ou de houille, ou de terreau tamisé. Le charbon de bois en poudre, le charbon de tourbe est aussi une excellente matière pour le mélange, et doit être employé dans la même proportion. La grande porosité du charbon lui permet de retenir l'ammo-

(1) Quelques espèces de cendres, celles qui contiennent en abondance des alcalis libres, ne sont pas propres à être mélangées au guano, car elles provoquent le dégagement de l'ammoniaque. Pour reconnaître facilement ces cendres, il suffit d'en mêler une poignée avec une quantité égale de guano. S'il se produit immédiatement une forte odeur ammoniacale, les cendres ne valent rien pour le mélange et doivent être écartées. Le mode de préparation décrit ci-dessus doit être employé avec de légères modifications, suivant les circonstances, pour toutes les natures de récoltes.

niaque volatil et d'absorber durant les sécheresses une certaine
quantité d'humidité : ce qui ne peut être que très-favorable
aux plantes, surtout à l'origine de leur développement. Avant
le mélange, le guano doit être pulvérisé très-fin, ce qu'il est
facile d'obtenir avec un rouleau ordinaire de jardin qu'on
promène sur le sol d'un hangar ou d'une grange. On peut aussi
le pulvériser à la pelle. Une couche de cendres ou d'autres
matières analogues est alors étendue sur le sol, on lui superpose
une petite couche de guano pulvérisé et tamisé, puis l'on ajoute
une nouvelle couche de cendres et une nouvelle couche de
guano jusqu'à ce que les doses de cendres et de guano soient
employées. Le tout est alors retourné à la pelle, de façon à
produire un mélange intime. Si la chose peut se faire, il est
convenable de laisser reposer le mélange pendant huit ou dix
jours. Dans ce cas on le tamise de nouveau avant de l'employer.

En appliquant le guano au moyen du *distributeur*, on doit
faire en sorte que le mélange soit placé au-dessous de la
semence, et qu'un pouce au moins de terre les sépare ; sans
cette précaution le guano tuerait la semence. Les distributeurs
de Garret, de Hornsby et autres constructeurs sont bien disposés
pour l'emploi du guano et des autres engrais concentrés.

Le mélange indiqué est généralement assez humide pour
tomber exactement où la main le projette, lorsqu'on le répand
à la volée. S'il n'en était pas ainsi, on devrait ajouter une petite
quantité d'eau. On répand alors à la manière habituelle, et on
recouvre par des hersages. La semence est ensuite répandue
selon la coutume.

Peut-être vaudrait-il mieux encore répandre à la main les
deux tiers du guano à employer, et répandre l'autre tiers à la
machine conjointement avec la semence. Les jeunes pousses
auraient alors assez d'engrais pour s'alimenter durant la première phase de la végétation, tandis que le guano semé à la

volée satisferait aux besoins de la plante dans une phase plus
avancée, alors que les racines se sont répandues dans le sol
suivant toutes les directions.

Blé, orge, avoine et autres céréales.

Les découvertes récentes de la chimie ont surtout contribué
aux progrès de l'agriculture par l'analyse et la détermination
des éléments qui composent les différents engrais, et par
l'observation attentive des effets produits par ces éléments
lorsqu'ils sont appliqués soit seuls, soit combinés. C'est là, en
effet, le seul moyen rationnel d'arriver à une véritable
connaissance des substances fertilisantes les mieux adaptées au
développement des formes variées de la vie végétale.

De l'analyse, que j'ai faite à l'Institut, d'une multitude
d'échantillons d'engrais divers, et de l'examen des effets produits
par chacun de ces engrais sur diverses récoltes, il est résulté
la preuve irrécusable que l'azote est pour les céréales la
substance fertilisante la plus économique. Un grand nombre
d'autres chimistes ont également démontré ce fait, et les
expériences faites pendant plusieurs années par les agriculteurs
de la Grande-Bretagne établissent que l'azote, dans une
combinaison quelconque, est de toutes les substances fertilisantes la plus propre à la croissance du blé et des autres céréales,
et leur assure les plus forts rendements.

Il n'en faudrait pas conclure que le blé ne réclame pas pour
son développement du phosphate de chaux et autres éléments;
mais le phosphate de chaux est généralement aménagé dans le
sol pendant le cours ordinaire de la rotation, ou bien il est,
comme cela arrive pour le guano, fourni directement par
l'engrais. La valeur commerciale de l'azote varie naturellement
avec celle des matières dont on le tire, et le prix plus ou moins

élevé des combinaisons dans lesquelles il entre. Mais au prix actuel du guano, cet engrais paraît être à peu près sinon d'une façon tout à fait absolue, la source la moins coûteuse d'azote, toutes les fois du moins qu'on veut l'obtenir en quantité importante.

On ne saurait mettre en doute l'accroissement de récolte que procure le guano, non plus que les profits qui pour les agriculteurs résultent de son emploi. Ces profits seraient bien autrement considérables si l'emploi du guano était plus général.

Nos agriculteurs les plus compétents, parmi lesquels je dois citer MM. Caird et Lawes, admettent que l'emploi du guano, à raison de 100 kilogrammes par acre, produit une augmentation de 3 hectolitres, sans compter un quart ou plus de paille au-dessus de la quantité ordinairement produite.

M. Caird (1) a prouvé que sans augmentation des frais habituels de culture, une dépense de 25 francs de guano par acre donne un bénéfice de plus de 40 francs. Si ces faits étaient plus généralement connus, nos cultivateurs s'empresseraient certainement de profiter de pareils avantages.

Quelques cultivateurs emploient le guano de préférence en automne. En tout cas, il est nécessaire d'en répandre une partie à la volée à cette époque, surtout si le guano est employé à l'exclusion du fumier ordinaire de ferme.

Appliqué à la culture du blé, le guano doit être employé presque intégralement en automne. Il faut toutefois, pour éviter la verse, ne pas stimuler la plante par une fumure exagérée. 200 à 250 kilogrammes de guano par hectare conviennent aux terres légères, et pourront être répandus en automne soit à la volée, soit au distributeur. Au printemps pareille quantité de guano peut être appliquée, après quoi on fait passer sur le

(1) Voir sa lettre à la fin de cet ouvrage.

champ une herse légère. Si le blé a été semé en lignes convenablement espacées, il y aura avantage à faire passer une houe à cheval.

Au printemps, lorsque la récolte de blé fumée en automne par le fumier de ferme, présente une apparence chétive, on trouvera un grand avantage à lui appliquer une fumure de 200 à 250 kilogrammes de guano par hectare.

Turneps.

Pour la culture du turneps, le guano doit être appliqué soit à la main, soit par le distributeur, après avoir été toutefois mélangé et préparé ainsi que je l'ai indiqué. La quantité de guano à employer par hectare doit varier avec les conditions de la ferme. La dose moyenne peut être fixée à 250 ou 300 kilogrammes. On a même employé avec succès jusqu'à 800 kilogrammes de guano dans des terres fortes. Ce qu'il me paraît y avoir de mieux à faire, c'est de répandre à la volée 300 kilogrammes de guano sur la terre avant l'ensemencement, et d'en répandre ensuite au moyen du distributeur 125 à 130 kilogrammes.

Des expériences ont prouvé qu'il est très-avantageux de distribuer le guano entre les lignes de turneps, lorsque la plante commence à sortir de terre, et de le recouvrir ensuite avec la houe à cheval. On se demande même si ce ne serait pas là la meilleure méthode d'appliquer le guano; car sur les terres légères il y a ainsi moins de chances de perte, et les racines sont bien approvisionnées d'engrais frais au moment où leur croissance est la plus active. 300 kilogrammes répandus à la surface avant l'ensemencement, et 125 kilogrammes entre les raies après la période de la germination me paraissent en tout cas devoir suffire.

On a employé avec beaucoup de succès un mélange de superphosphate de chaux et de guano. Dans ce cas on répand à la volée 300 kilogrammes de guano, et on répand avec le distributeur, en même temps que la semence, une quantité égale de superphosphate de chaux.

Le prix accordé pour les plus belles récoltes de turneps de Suède, fut obtenu dans un de nos districts agricoles les plus importants par un cultivateur qui avait suivi cette méthode.

Il serait à désirer que nos cultivateurs intelligents fissent des recherches relativement aux effets d'un mélange de guano et d'acide sulfurique sur la culture du turneps.

L'acide sulfurique est incontestablement un engrais par lui-même, et il paraît exercer une action distincte sur le turneps. On fait un mélange de 200 kilogrammes de guano et de 50 kilogrammes d'acide blanc du commerce. On met le guano en tas, et on pratique un trou dans le centre du tas pour y verser l'acide. Le tout doit être bien pétri avec une bêche ou tout autre instrument. Une action chimique très-puissante se manifestera ; mais au bout de quelque temps le mélange deviendra sec et pourra être employé au distributeur. Si on emploie l'acide brun du commerce au lieu du blanc, il en faut un quart de plus. La quantité ci-dessus doit être suffisante pour 80 ares. Je pense qu'un tel mélange doit constituer un engrais très-puissant.

Il importe de se souvenir qu'en appliquant le guano au turneps et autres racines, tout l'azote n'est pas absorbé par la récolte, mais qu'il en reste une partie importante dans le sol pour les récoltes subséquentes de blé. Plusieurs de nos meilleurs agriculteurs du comté d'Essex emploient de grandes quantités de guano dans les terres fortes pour la culture de la betterave, et la considèrent comme une excellente préparation pour la récolte de blé. Les betteraves ne sont pas dans ce cas consommées sur place : elles sont entièrement récoltées.

Betteraves.

Le guano est un excellent engrais pour cette récolte. Avant la Noël si c'est possible, on répand sur les terres fortes 30 à 40,000 kilogrammes de fumier ordinaire, que l'on enterre par un fort labourage. On jette ensuite 4 à 500 kilogrammes de guano et l'on herse. La semaille se pratique en lignes espacées de 75 à 80 centimètres. On éclaircit plus tard en ayant soin de ne pas laisser les plants trop rapprochés les uns des autres. De nombreux binages à la houe à cheval sont d'une grande importance ; ils permettent l'accès de l'air et mettent les agents nutritifs à la portée des plantes. Comme pour les turneps, il est avantageux de répandre du guano entre les lignes avant les binages. Les plantes trouvent ainsi leurs aliments d'une manière constante.

Lorsqu'on n'a pas appliqué du fumier de ferme en hiver, on doit appliquer dans les terres fortes 800 kilogrammes de guano au lieu de 500. On peut appliquer cette fumure soit à l'automne, soit au printemps, sur les terres fortes, en ayant soin toutefois de bien l'enterrer. Aux époques des binages, on répand un supplément de fumure entre les lignes. La terre sera ainsi bien préparée pour la culture de blé.

Sur les sols crayeux et sur les sols légers, un mélange de guano, de nitrate de soude et de sel commun, a été reconnu comme très-efficace pour la croissance des betteraves.

Prairies.

Les expériences du chimiste français Kuhlmann, relatives à l'action que l'ammoniaque exerce sur la croissance des herbes, établissent l'importance du guano pour l'accroissement des facultés productives de nos pâturages et de nos prairies. Ce chimiste a appliqué l'ammoniaque sous diverses formes, soit isolément, soit en combinaison avec des engrais minéraux simples, et il a toujours constaté que la quantité d'herbe obtenue était en proportion directe de la quantité d'azote contenue dans l'engrais employé. Le guano qui contient une grande proportion d'ammoniaque et qui est la source la moins coûteuse de cette substance, est donc très avantageux pour la culture des plantes fourragères.

On peut appliquer aux prairies une fumure de 3 à 400 kilogrammes de guano, mélangé avec du terreau, par hectare. On doit le répandre par un temps humide ou pluvieux, autant que possible, vers la fin de mars ou le commencement d'avril. Dans certains cas, et surtout lorsqu'il s'agit de terrains à sous-sol argileux, on peut appliquer le guano aux prairies en automne. On obtiendra alors un développement très-précoce de l'herbe.

Pommes de terre.

Du rapprochement de plusieurs expériences, il résulte que le guano réussit mieux pour ce genre de récolte, lorsqu'il est employé en couverture et conjointement avec le fumier ordinaire. On prépare le sol à la manière habituelle, on dépose le fumier dans le fond des raies, on place la semence sur le fumier et on recouvre le tout. Avant que la tige n'apparaisse, on distribue le guano au sommet des raies, on recouvre avec la charrue et on fait passer le rouleau. Si les pommes de terre ne sont pas cultivées en lignes, on répand le guano à la volée, trois ou quatre semaines après la plantation. La quantité de guano à employer varie de 4 à 800 kilogrammes par hectare.

De nombreuses expériences ont prouvé qu'il y a tout avantage pour la culture des pommes de terre à employer concurremment avec le guano du sulfate de soude ou du sulfate de magnésie. Autant que j'ai pu en juger, ces sels diminuent certainement les chances de la maladie à laquelle est sujette cette plante. On recommande en conséquence de joindre à la dose du guano 100 kilogrammes de sulfate de soude et 100 kilogrammes de sulfate de magnésie.

Si le fumier de ferme ne peut pas être employé pour les pommes de terre, répandez à la volée 4 à 500 kilogrammes de guano, hersez et plantez comme d'habitude. Trois ou quatre semaines après, répandez encore la même quantité de guano et 100 kilogrammes de chacune des substances indiquées plus haut (sulfate de soude et de magnésie) et hersez légèrement.

Le mélange indiqué à l'article turneps (acide sulfurique et guano) sera probablement une excellente fumure pour les pommes de terre.

Haricots, pois et autres légumineuses.

Pour les pois et les haricots, il faut de 4 à 500 kilogrammes de guano par hectare, soit qu'on le répande à la main avant la semaille, soit qu'on le divise en deux parties pour employer la seconde après l'ensemencement à l'époque des binages à la houe. La dernière méthode doit être la meilleure.

Pour les vesces, la luzerne, le sainfoin et le trèfle, il faut également 4 à 500 kilogrammes de guano par hectare. On répand cette fumure au commencement d'avril par une rosée du matin ou par un temps humide. Il serait inutile de répandre le guano si une longue sécheresse devait immédiatement suivre cet emploi.

Lin.

Cette culture avait autrefois la réputation d'être l'une des plus épuisantes. On sait aujourd'hui que c'est une de celles qui réclament la plus grande quantité d'azote pour la formation de la graine, et pour lesquelles les engrais ammoniacaux sont dès lors les plus utiles. Grâce au guano et autres engrais ammoniacaux, le lin ne doit plus être considéré comme une récolte très-épuisante.

Pour cette culture, il faut 3 à 400 kilogrammes de guano bien mélangés avec des cendres. On répand cette fumure à la main, et on l'enterre par un hersage quelques jours avant l'ensemencement.

Choux, carottes, etc.

Le guano est très-favorable à ces récoltes, et peut être employé avec succès à raison de 3 à 500 kilogrammes à l'hectare. Il faut se souvenir que les carottes réclament une culture profonde. Chacune de ces récoltes se trouvera très-bien de binages à la houe entre les lignes et de l'addition partielle d'un peu de guano.

Houblon.

Il n'est pas de récolte à laquelle l'emploi du guano soit plus profitable qu'à celle du houblon. Cette culture épuise le sol d'une façon permanente, et pour réparer cette déperdition, il faut fournir au sol une quantité considérable d'éléments organiques et minéraux. 300 kilogrammes de guano et 300 kilogrammes de sel par hectare constituent une excellente fumure, et doivent être répartis à deux époques différentes.

Plusieurs analyses du houblon m'ont conduit à recommander, il y a quelques années, le mélange suivant comme très-propre à cette culture :

Engrais pour un hectare de houblon.

400 kilogrammes de guano.

125 kilogrammes de sel commun.

200 kilogrammes de nitrate de soude.

125 kilogrammes de gypse ou plâtre.

Cet engrais a été employé avec un très-grand succès sur divers points des comtés de Surrey, Kent et Sussex.

Il n'est pas nécessaire de donner de plus amples détails sur les récoltes auxquelles le guano est plus particulièrement profitable, ni de s'étendre davantage sur son mode d'emploi. Le cultivateur intelligent aura bientôt appris à varier l'application de cet engrais, suivant le but qu'il veut atteindre.

Le guano n'est pas seulement utile à l'agriculture, il est encore d'un puissant secours aux horticulteurs, et les plus beaux échantillons de légumes, de fruits et de fleurs, sont dus à cet engrais, dont l'emploi judicieux est à coup sûr la cause directe de l'admiration qu'ont pu exciter ces produits de choix et du haut prix qu'ils ont atteint.

Nous renvoyons, pour de plus amples détails sur l'emploi du guano en horticulture, aux publications spéciales.

En terminant cette partie de notre sujet, nous ne pouvons nous empêcher de citer l'opinion de M. Lindley, le savant éditeur de la *Chronique des Jardiniers* de Londres : « Si « l'expérience des dernières années, dit M. Lindley, nous a « donné un enseignement positif, c'est avant tout l'infaillibilité « du guano pour toute culture qui réclame des engrais. »

Composition du guano.

L'espace dont nous disposons ne nous permet pas de décrire tous les éléments contenus dans divers échantillons de guano.

Le praticien d'ailleurs n'a pas besoin de les connaître tous, la valeur commerciale du guano étant surtout établie par la pro-portion d'azote et de phosphate de chaux qu'il contient.

Dans les recherches que je vais présenter, mes observations portent spécialement sur le guano du Pérou, ce guano étant celui qui est le plus répandu en Angleterre.

Il ne sera pas inutile toutefois de dire quelques mots des guanos d'autres provenances, tels que les Angamos, les guanos du Chili, de la Bolivie, de la baie de Saldanha et de l'Australie. L'île d'Ichaboë sur la côte d'Afrique a fourni, il y a quelques années, de grandes quantités d'un guano moyen; mais je la crois aujourd'hui complètement épuisée.

Les guanos d'Angamos proviennent de la côte orientale de l'Amérique du Sud, et constituent le dépôt le plus récent. On recueille ce guano à la main, à travers les plus grands dangers et sur des roches escarpées, au milieu desquelles habitent les oiseaux qui le produisent. Quand ce guano est pur, il est de première qualité, parce qu'il n'a subi aucune décomposition : il contient de 20 à 24 p. 0/0 d'ammoniaque. La petite quantité qu'on en recueille le rend d'une importance tout à fait secondaire pour les cultivateurs.

Le guano de la baie de Saldanha (et les variétés analogues) ayant été déposé sous un climat pluvieux, a subi une grande détérioration. Les sels ammoniacaux si précieux et les phosphates solubles ont été dissous et entraînés par les eaux, les éléments organiques azotés ont été décomposés, et il ne reste plus que du phosphate de chaux ordinaire.

Les guanos du Chili et de la Bolivie sont souvent dénaturés par une grande quantité de sable, et le guano de la baie de Shark (Australie) ne vaut pas certainement son transport dans ce pays. Les cultivateurs ne doivent jamais acheter du guano de ces diverses provenances, sans une analyse sûre, en raison de leur degré très-variable de composition. Sans analyse, ils pourront payer ces guanos beaucoup plus qu'ils ne valent.

On ne peut se faire une idée exacte des différences qui existent dans la qualité des guanos de diverses provenances, que par la comparaison de leurs éléments accusés par l'analyse. Pour édifier les cultivateurs sur la qualité des guanos qui se rencontrent le plus généralement dans le commerce, nous donnons dans le tableau ci-dessous la composition de six variétés de guano.

	GUANO de la baie de Saldanha.	GUANO d'Angamos n° 1.	GUANO d'Angamos n° 2.	GUANO du Pérou.	GUANO du Chili.	GUANO de Bolivie.	GUANO de la baie de Shark (Australie).
Eau............	17 92	10 90	12 55	9 30	20 46	16 00	14 47
Matières organiques..	14 08	67 36	61 07	57 30	18 50	13 16	7 85
Sable........	2 80	1 04	5 36	0 75	22 70	3 16	14 47
Phosphates .	59 40	16 10	13 76	23 05	31 00	60 23	29 54
Sels alcalins.	5 80	4 60	7 26	9 60	7 54	7 45	33 67(*)
TOTAUX..	100 00	100 00	100 00	100 00	100 00	100 00	100 00
Azote........	0 63	19 95	18 24	15 54	4 50	2 11	0 35
Equiv. d'ammoniaque.	0 76	24 19	22 12	18 87	5 47	2 56	0 4 7

Nous devons engager les cultivateurs à n'accorder aucune confiance aux analyses qui leur sont le plus souvent présentées et qui indiquent simplement que l'échantillon analysé contient

(*) 29.54 °/₀ de ces matières étaient du plâtre. Les analyses ci-dessus ont été faites dans le laboratoire du collège de Kennington. Les échantillons analysés provenaient de cargaisons reçues à Londres dans les six derniers mois. Les guanos du Chili et de la Bolivie étaient inférieurs en qualité aux guanos de même provenance importés autrefois. Nous croyons, en conséquence, que depuis quelque temps les meilleurs guanos sont falsifiés.

(Note de M. Nesbit.)

telle ou telle proportion de *matières animales organiques* ou de *sels d'ammoniaque*. A la vue de ces captieuses analyses, il n'est pas possible, même au chimiste le plus expérimenté, de se faire une idée exacte de la valeur de l'engrais, et nous recommandons expressément aux cultivateurs de n'acheter du guano qu'avec l'indication claire et nette de la quantité précise d'*ammoniaque* et de *phosphate de chaux*.

Le cultivateur veut-il préparer un échantillon pour le faire analyser, il doit prendre 250 grammes de guano dans cinq ou six sacs de sa provision, et mêler intimément ces cinq ou six demi-livres en les pétrissant sur une feuille de papier goudronné. 50 à 80 grammes du mélange suffiront pour l'analyse, et il sera facile d'envoyer cet échantillon par la poste dans une partie quelconque du royaume. Pour empêcher toute évaporation de l'échantillon, on l'enveloppe dans une feuille d'étain ou de plomb, et on recouvre le tout d'une feuille de papier. A défaut de feuille d'étain, deux épaisseurs de papier fort peuvent suffire.

Pour mettre sous les yeux des cultivateurs un exemple qui puisse leur servir de terme de comparaison pour se rendre compte de la composition et de la valeur d'un guano à acheter, nous donnons ici l'analyse d'un échantillon de guano du Pérou récemment importé.

Analyse d'un échantillon d'un guano moyen du Pérou.

Eau	15 10
Matières organiques	51 27
Silice	2 20
Phosphate de chaux	22 13
Acide phosphorique libre . .	3 23
Sels alcalins	6 07
Total. . .	100 00

$$\left.\begin{array}{l} \text{Azote} \ldots \ldots \ldots \ldots \quad 13 \ 54 \\ \text{Equivalent d'ammoniaque} \quad 16 \ 42 \end{array}\right\} \text{ p. } 0/0$$

Falsification du guano.

Après les observations que nous avons présentées sur l'utilité du guano, nous eussions aimé n'avoir plus rien à dire.

Mais nous considérons comme un devoir d'entrer dans des détails moins agréables et qui ne sont cependant pas moins importants.

La haute valeur fertilisante du guano, l'importance qu'il a prise dans le commerce, l'ignorance des acquéreurs sur les caractères qu'il offre à l'état de pureté, la répugnance manifeste des cultivateurs à faire la dépense d'une analyse, toutes ces causes ont conduit divers négociants peu scrupuleux à falsifier le guano systématiquement et à un haut degré. Le désir dont sont malheureusement possédés la plupart des cultivateurs d'acheter le guano au plus bas prix possible, sans s'inquiéter de sa qualité et de sa composition, a aussi exercé quelque influence contre leurs intérêts.

Si un négociant honnête qui offre sur le marché un guano pur, sur lequel il ne prélève qu'un modeste bénéfice, vient à s'apercevoir qu'un voisin moins consciencieux vend plus facilement un guano falsifié, il n'aura d'autre alternative que d'abandonner le commerce ou de devenir à son tour falsificateur. Celui qui aime les engrais à bon marché ne doit pas oublier que pour l'acheteur ils sont toujours chers, car il faut bien payer en sus de la valeur des mélanges, 20 ou 30 p. 0/0 de bénéfice au falsificateur. Nous recommandons aux partisans des engrais à bon marché d'imiter de préférence la conduite de Quin, qui, ayant remarqué que son lait contenait au moins moitié d'eau, présenta deux vases à son laitier, et le somma de lui donner séparément l'eau et le lait pur, disant qu'il ferait bien lui-même le mélange.

Les gens qui habitent la campagne ne peuvent presque pas se faire une idée de l'étendue des falsifications qui se pratiquent sur le guano, soit à Londres, soit dans les autres grandes villes.

Les demandes d'engrais à bon marché que font les agriculteurs à des marchands peu scrupuleux, agissent sur le commerce, et donnent naissance à une industrie frauduleuse et qui s'étend de jour en jour.

Cette industrie consiste à fabriquer, sous le nom d'*article*, une matière ayant l'aspect du guano et destinée à être mélangée avec cet engrais, et par conséquent à être vendue aux falsificateurs.

Les matières employées à la falsification du guano sont nombreuses.

Le sable, la marne, l'argile et la craie, le calcaire, la brique et le gypse, moulus lorsque cela est nécessaire, et convertis en poudre fine, voilà les matières que le cultivateur va payer 20 ou 25 francs les 100 kilogrammes. Les marnes de Stratford, Wanstead et autres lieux dans le comté d'Essex, ainsi que l'argile jaune de Norwood sont particulièrement recherchées. On mélange ces matières dans des proportions telles qu'on obtient la couleur du guano, et on les vend aux négociants déloyaux de la ville et de la campagne qui y ajoutent un peu de guano véritable, pour donner au mélange une odeur convenable.

Quelques actions intentées récemment contre des marchands qui avaient vendu du guano falsifié, et des dommages-intérêts importants obtenus à la suite de ces actions ont contribué, en même temps que la chute de plusieurs grandes manufactures

9

d'article à mettre un frein à ce honteux trafic. Mais le vrai remède à un pareil état de choses est dans la main des cultivateurs, qui devront poursuivre les falsificateurs avec la plus extrême rigueur.

Il y a sans doute beaucoup de marchands peu honnêtes ; mais il est constant qu'il en est encore qui sont restés probes et possèdent une réputation intacte.

Nous conseillons donc aux cultivateurs d'acheter leurs engrais auprès des marchands ayant une réputation parfaitement établie, et qui se contentent en affaires d'un bénéfice raisonnable. Il faut aussi se souvenir que le prix de 27 francs 50 les 100 kilogrammes est le plus bas prix auquel vendent le guano MM. Gibs et fils, alors qu'ils le vendent en gros. Le marchand de détail a, en dehors de ce prix primitif, des frais d'entrepôt, de transport et autres dépenses ; il a droit aussi à un intérêt pour ses avances de fonds, s'il donne un long crédit pour cet engrais qu'il est lui-même obligé de payer comptant.

Nous laissons donc au bon sens des cultivateurs anglais le soin de juger si un guano pur peut raisonnablement être vendu au même prix qu'un de ces guanos falsifiés.

Pour prévenir plus facilement les fraudes auxquelles un acheteur insouciant est constamment en butte, nous présenterons quelques observations très-simples sur les moyens de découvrir la falsification du guano.

Moyens de découvrir la falsification du guano.

L'analyse chimique est naturellement le meilleur moyen de découvrir les falsifications du guano, et il est fort regrettable que très-peu de cultivateurs recourent à ce moyen, bien que

les dépenses qu'entraîne une analyse soient tout-à-fait insigni-
fiantes si l'on tient compte de l'importance du but à atteindre.

On éprouve depuis long-temps le besoin de disposer, pour
se rendre compte de la pureté du guano, de moyens assez
simples pour être compris et essayés par toute personne d'une
instruction ordinaire. C'est pour satisfaire à ce besoin que nous
avons essayé dans notre laboratoire de longues séries d'expériences. Ces recherches nous ont conduit à quelques essais qui
permettront de découvrir facilement les falsifications d'un
échantillon quelconque des guanos parvenus jusqu'à ce jour
sur le marché.

Comme le guano est généralement falsifié avec de la marne
ou du sable beaucoup plus lourd que le guano lui-même, notre
attention se dirigea tout d'abord vers la pesanteur spécifique
du guano, comme moyen de découvrir les mélanges.

Dans une conférence faite, il y a quelque temps, au club
des cultivateurs de Londres, nous avons montré que 50 grammes de guano véritable occupent dans un tube de verre cylin-
drique près de deux fois autant d'espace que le même poids de
guano falsifié. Depuis lors nous avons fait des centaines
d'expériences sur divers guanos et dans des tubes de même
diamètre ; mais bien que l'éprouvette signalât constamment les
échantillons falsifiés, j'ai cru qu'il était à désirer d'obtenir un
moyen capable de réaliser des vérifications plus directes et
plus concluantes.

Nous entreprîmes dès lors une série de nouvelles expériences,
et les explications qui vont suivre justifièrent la méthode que
nous avons adoptée en dernier lieu.

Une bouteille fermée à l'émeri, pouvant contenir 194 grammes d'eau, reçut 113 grammes de guano pur. J'ajoutai une
certaine quantité d'eau, et après avoir agité la bouteille jusqu'à
ce que le mélange fut opéré, j'ajoutai une nouvelle quantité

d'eau : le tout fut agité de nouveau et je laissai reposer quelques minutes pour permettre aux globules d'air de se dégager. La bouteille fut ensuite complétement remplie d'eau et la mousse fut écartée. La bouteille fut fermée avec soin et soigneusement essuyée.

Un contrepoids préalablement rendu égal au poids de la bouteille pleine d'eau seule, fut placé sur le plateau d'une balance, et la bouteille contenant le guano sur l'autre plateau. Après une série d'expériences de cette nature, j'ai trouvé que la bouteille contenant le guano pesait en moyenne 43 grammes de plus que la bouteille contenant de l'eau pure, c'est-à-dire que l'eau seule de la bouteille pesait 194 grammes, et l'eau contenant le guano pesait 237 grammes.

Le tableau suivant contient le résultat d'une longue série d'expériences faites sur des guanos purs tirés de divers vaisseaux et sur des échantillons de guanos falsifiés, ainsi que sur quelques-unes des substances employées pour les falsifications.

Poids indiqué par l'éprouvette à guano.

(L'éprouvette contenant 194 grammes d'eau.)

Nos D'ORDRE.	POIDS DU GUANO introduit (en grammes).	VAISSEAUX D'OU LES GUANOS ont été DIRECTEMENT TIRÉS.	POIDS DU MÉLANGE (en grammes).	
1	113 gr.	Field...........................	237 gr.	26
2	113	Columbia......................	237	18
3	113	Princess Victoria.............	237	58
4	113	Digby.........................	237	48
5	113	Lis Keard	236	78
6	113	Duncan Ritchie...............	237	64
7	113	Rosina........................	238	14
8	113	Mary-Ann	237	57
9	113	Albyn.........................	238	27
10	113	Johann-Georges	237	12
11	113	Rosamond.....................	236	09
12	113	Ann Dashwood.................	236	28
13	113	Alfred........................	236	09
14	113	Juno..........................	236	99
15	113	Bothers.......................	237	48
16	113	Richardson...................	235	82
17	113	Hamilton.....................	238	27
18	113	Anna..........................	237	57
19	113	Midas.........................	236	99
20	113	Wil Wilmot...................	236	99
21	113	Macdonell....................	236	60
22	113	Cumberland	236	47
23	113	Retriever.....................	238	14
24	113	Lucy..........................	238	14
25	113	Vigilant......................	237	64
26	113	Julius Cesar (avarié).........	240	78
27	113	Vicar of Bray (avarié)........	239	74
28	113	Field (falsifié à 10 %)........	240	13
29	113	id. (falsifié à 20 %).........	243	23
30	113	id. (falsifié à 30 %).........	247	10
31	113	Guano falsifié vendu 18 fr. 75 les 100 kil.	250	46
32	113	id. vendu 19 fr. les 100 kil....	252	21
33	113	Sel...........................	254	54
34	113	Sable.........................	265	23
35	113	Gypse ou plâtre	263	29

La proportion des matières minérales dans chacun des

échantillons de guano était aussi très-uniformé. Dans les guanos non avariés et non falsifiés cette proportion varie à peine, ainsi que le montre le tableau suivant, de 30 à 35 p. 0/0.

Tableau indiquant la proportion de matières minérales dans divers échantillons de guano.

Nos D'ORDRE.	NOMS DES VAISSEAUX d'où le guano AVAIT ÉTÉ TIRÉ.	PROPORTION des MATIÈRES MINÉRAL' dans les échantillons.
1	Johann Georges..................	33 k. 4
2	Ann Dashwood....................	32 2
3	Alfred	32 0
4	Juno...........................	32 3
5	Brothers	33 2
6	Richardson.....................	30 7
7	Anna..........................	32 5
8	Hamilton.......................	33 4
9	Midas..........................	33 0
10	Wil Wilmot	34 0
11	Macdonell......................	33 1
12	Cumberland.....................	32 3
13	Retriever......................	31 9
14	Lucy...........................	31 8
15	Vigilant.......................	33 5
16	Rosamond	35 0
17	Julius Cœsar (avarié)...........	38 2
18	Success (avarié)...............	33 6
19	Guano vendu 18 fr. 75 les 100 kil....	62 7
20	id. 19 00 id........	65 8

Des expériences détaillées dans le tableau de la page précédente on peut déduire une méthode très-simple qui permettra de constater facilement toutes les falsifications ordinaires du guano.

Ayez une balance sensible à quelques décigrammes et procurez-vous une bouteille fermant à l'émeri et pouvant contenir 194 à 195 grammes d'eau : remplissez-la et essuyez-la ensuite

avec soin. Dans un des plateaux de la balance placez la bouteille et faites équilibre sur l'autre plateau au moyen de corps
lourds comme sable, gravier, grenaille de plomb, etc. Otez
ensuite la bouteille, et après avoir versé les deux tiers de l'eau
qu'elle contient, placez-y 113 grammes du guano à essayer.
Agitez la bouteille en y ajoutant de l'eau de temps à autre,
laissez reposer le tout quelques minutes et achevez de la rem-
plir de manière à écarter toute l'écume ; bouchez hermétiquement, essuyez la bouteille avec soin et replacez-la dans le
plateau où vous l'aviez mise précédemment. Ajoutez alors à
l'autre plateau 43 grammes; si la bouteille est plus lourde, le
guano est probablement falsifié. Ajoutez 5 à 6 grammes au
contrepoids, et si la bouteille continue à être plus pesante le
guano est décidément falsifié. Cette simple expérience permet
de constater facilement le mélange d'une très-petite quantité
de sable ou de marne.

Nous nous hasardons à proposer encore une autre méthode
basée sur les propriétés des constituants minéraux du guano.
Lorsqu'on fait brûler le guano, les cendres qui en proviennent
ont l'aspect blanc perlé de nacre, ce qui est dû à l'absence de
fer et d'autres oxydes métalliques colorants.

Comme on trouve toujours du fer dans la marne, l'argile, etc., les cendres d'un échantillon quelconque de guano
falsifié avec ces matières seront colorées et plus pesantes que
les cendres du guano.

Ces propriétés nous fournissent la méthode suivante pour
découvrir les falsifications.

Une petite paire de balances, une petite capsule de platine,
une paire de petites pincettes et une lampe à esprit-de-vin
constituent tout le matériel nécessaire à cet essai. On place
60 centigrammes de guano dans la capsule qu'on tient, au
moyen des pincettes, sur la flamme de la lampe jusqu'à ce que

la majeure partie des matières organiques soit consumée. On
laisse refroidir quelques instants et l'on verse dans la capsule
quelques gouttes d'une solution concentrée de nitrate d'ammoniaque pour assurer la combustion complète du charbon qui
forme le résidu. La capsule est de nouveau soumise doucement
à l'action de la flamme jusqu'à ce que l'humidité soit entièrement évaporée. On peut donner alors un fort coup de feu, et
si le guano est pur les cendres prendront la couleur du blanc
de nacre, et n'excèderont pas en poids 23 centigrammes. Si
le guano est falsifié les cendres seront toujours colorées et
pèseront plus de 23 centigrammes.

La combustion de quelques grammes de guano sur une pelle
rouge indiquera souvent par la couleur si le guano est ou non
falsifié. Mais nous ne pouvons pas recommander cette méthode
parce que le fer de la pelle peut à lui seul colorer les cendres.

On remarquera que le poids des cendres ne peut pas fournir
invariablement le moyen de découvrir un guano avarié. Les
épreuves ne sauraient non plus porter sur des échantillons
humides, qui indiquent constamment que la cargaison est
avariée. Le bon guano est parfaitement sec au toucher.

Si la falsification était faite avec des matières légères ou
floconneuses, voici la méthode qui permettrait de la découvrir :
On dissout dans le quart d'un litre d'eau autant de sel que
l'eau en pourra dissoudre, on filtre la solution, on la reçoit
dans un vase quelconque et on la soupoudre du guano à
essayer. Si le guano va immédiatement au fond du vase en ne
laissant à la surface qu'une légère écume, le guano est pur.
S'il laisse au contraire à la surface certaines matières, ce sont
des matières légères qu'on lui a incorporées, et il est falsifié.

Si on a employé à la falsification la craie ou un calcaire,
il sera facile de s'en assurer en versant du vinaigre fort sur une
pincée de guano placée dans un verre ordinaire ; la présence

de ces matières sera décelée par une effervescence active. Dans les mêmes circonstances le guano pur laisse échapper seulement quelques bulles d'air.

Si les cultivateurs consentaient à soumettre aux essais très-simples qui précèdent les échantillons de guano qu'ils achètent, les négociants déshonnêtes n'auraient plus les mêmes chances de continuer avec fruit leur métier déloyal.

Les moyens que je viens d'indiquer permettent seulement de constater des falsifications importantes. Mais il y a aussi possibilité de découvrir les falsifications d'un ordre inférieur, et les hommes intelligents ou ayant l'habitude des affaires n'hésiteront pas à réclamer l'assistance de l'analyse chimique.

Les faits qui précèdent peuvent se résumer ainsi :

1° Si 113 grammes de guano pesés après leur mélange dans une bouteille d'eau de la capacité indiquée ci-dessus exigent, pour faire équilibre, plus de 43 grammes, la pureté du guano est douteuse; s'il est nécessaire d'ajouter encore quelques grammes de plus le guano peut être considéré comme falsifié, et l'échantillon doit être immédiatement envoyé pour être soumis à l'analyse.

2° Si les cendres d'un guano sont colorées, si elles n'ont pas l'aspect blanc perlé de nacre, le guano n'est pas pur.

3° Si les cendres de 60 centigrammes de guano pèsent plus de 23 centigrammes ou moins de 19, la pureté de l'échantillon est douteuse.

4° Si en versant un peu de vinaigre fort sur un échantillon de guano une effervescence très-vive se manifeste, le guano est falsifié.

5° Si le guano flotte lorsqu'on en verse une pincée sur une dissolution concentrée de sel, il est également falsifié.

Expériences pratiques sur le guano.

Expérience de M. Caird. — Lettre au Times,
10 *septembre* 1853.

Comme beaucoup d'autres, et depuis dix ans, j'ai fait systématiquement emploi du guano et me suis souvent rendu compte
par des expériences des avantages que procure l'usage de cet
engrais. L'appliquer au blé, voilà pour moi quelle est la règle;
ne pas l'appliquer à cette récolte, voilà l'exception.

L'automne dernier, en ensemençant en blé un vaste champ
d'une contenance de 100 acres (40 hectares 87 ares), je pris
un acre au milieu du champ et j'empêchai d'y mettre du guano;
tout le reste reçut 100 kilogrammes de guano par acre, à l'é-
poque de la semaille. Le produit de l'acre non fumé au guano
fut mis à part. La récolte a été battue la semaine dernière et
voici quels ont été les résultats :

Le rendement de la surface fumée au guano, a été :

	Grains en litres.	Paille en kilog.
Par acre.	1,599	2,031
Le rendement de l'acre non fumé au guano	1,272	1,523
Augmentation due au guano. .	327 lit.	508 kil.

Le guano revenait au lieu d'emploi à 25 francs les 100 kilogrammes, en sorte que j'ai eu 327 litres de blé pour 25 fr.
L'acre choisi pour l'expérience était d'une qualité moyenne eu
égard au champ tout entier, et je ne doute pas un seul instant
que la dépense de 2,500 fr. que j'ai faite en acquisition de
guano, à l'automne dernier, ne m'ait procuré un excédant de
527 hectolitres de blé.

Ce résultat concorde à très-peu près avec le résultat des expériences faites par M. Lawes, dans le Herferdshire, où 100 kilogrammes de guano produisent une augmentation de 290 litres.

La terre sur laquelle l'expérience a été faite est argileuse et de bonne qualité ; elle est entièrement drainée. L'ensemencement fut fait avec soin après un bon labour, vers le 20 septembre ; la moisson a eu lieu le 10 août. La récolte n'eut aucunement à souffrir (peut-être même a-t-elle profité) des pluies abondantes du dernier hiver ; les eaux s'écoulaient par les drains au fur et à mesure qu'elles tombaient. Le champ ne reçut d'autre fumure que le guano, et depuis six ans c'était pour lui la troisième application de cet engrais.

Mon expérience faite dans le sud-ouest de l'Ecosse, et celle de M. Lawes faite dans le sud-est de l'Angleterre prouvent que dans le climat de notre région l'emploi de 100 kilogrammes de guano, sur un acre de terre à blé bien préparée, donnera une augmentation de 3 hectolitres environ de blé. Autant que possible, l'ensemencement ne devra pas se faire plus tard que le 1er octobre ; et le guano ne devra pas être répandu en couverture comme une fumure de printemps, mais enterré avec la semence par un simple hersage. Il n'y a pas, à notre connaissance, de moyen plus direct d'augmenter la récolte de blé. On peut estimer à 600,000 hectares la surface de terrains argileux annuellement ensemencés en blé en Angleterre. Cette classe de terrains était, il y a quelques années, comme on le sait, celle sur laquelle on fondait le moins d'espérances. Leur produit en blé, après un labour convenable, n'y excède probablement pas 7 hectolitres par acre. Ce produit doit subir les frais de loyer, de taxes, de semence, de main-d'œuvre ; et je crois que sans augmenter d'un centime les dépenses indispensables, et dans les conditions ci-dessus indiquées, l'application de 100 kilogrammes de guano par acre, doit augmenter le produit de cette surface de 3 hectolitres environ. C'est là un fait d'une immense importance.

———

Autre expérience de M. Caird.

Au milieu d'un champ de 50 acres, un acre fut laissé sans engrais, et tout le reste du champ reçut 100 kilogrammes de guano par acre au moment des semailles. Le produit de l'acre non fumé a été comparé avec celui des acres voisins. Voici le résultat de cette comparaison :

L'acre fumé au guano a produit 11 hectolitres 62 litres, pesant 912 kilogr. 16, à 0 30 c. le kilogr. . . 273 fr. 65

L'acre sans fumure a produit 9 hectol. 26 litres, pesant 696 kilogr., à 0,30 le kilogr. . . . 208 80

Différence. 64 85

Prix de 100 kilogr. de guano. . . 25 00

Profit par acre, non compris un quart en plus paille. 39 85

L'infériorité de qualité du blé non fumé, telle qu'elle résulte de la différence des poids constatés, est un fait digne de remarque; non moins que le retard d'une semaine dans la maturité du blé non fumé.

———

Expériences faites par M. Robert Monteith de Carstairs.

1° *Culture d'avoine de 1843.* — Un acre fumé de 120 kilogrammes de guano, du prix de 38 francs 75, a produit 21 hectolitres 50 litres.

Fumé avec 3 hectolitres 60 litres de poudre d'os, du prix de 29 francs 15, l'acre a produit 15 hectolitres 60.

La différence peut être établie ainsi qu'il suit :

Prix du guano, 58 f. 75. Produit, 21 h. 57 à 8 f. 50. 183 40
Idem des os,   29 15. Produit, 15   64 à 8 50. 153 05

Différence. 9 60.   Différence.   50 35
    A déduire la différence du prix des engrais.   9 60

    Il reste en faveur du guano 40 75

  2° *Récolte de foin* 1843. — Un pré, fumé l'année précédente avec du fumier de ferme, reçut 120 kilogrammes de guano par acre, soit une fumure du prix de 38 francs 75. Le surcroît de foin fut de 1,117 kilogramme, lesquels, à 0 74 le kilogramme, donnent 82 65
    A déduire le prix du guano. 38 75

    Reste en faveur du guano un profit de. . 43 90

Expériences de M. Georges Osborn.

Elburton, près de Thornbury
Gloucestershire, le 28 février 1844.

Messieurs,

Je viens vous soumettre le résultat d'une expérience faite avec un guano acheté chez vous au mois de mai dernier.

Un champ de 135 ares a été ensemencé en pommes de terre et traité de la manière suivante : 7 ares 50 furent fumés à raison de 8 kilogrammes de guano par are, le reste du champ ne reçut aucun engrais.

La partie fumée produisit par are . . . . . 2 h. 30
La partie non fumée 1   40

    L'augmentation par are fut de. 0   90

Le profit d'un are sera donc :

Augmentation par are, 0 h. 90 à 5 fr. 70 l'hectol.   5 f. 10
Prix du guano, du transport, main d'œuvre sup-
plémentaire 2 50

Profit net par are. 2 60

soit par hectare 260 francs.

Si le guano était acheté aujourd'hui, ce profit serait par acre de 3 fr. 75

La partie fumée donne des tubercules infiniment plus beaux ; elle fut récoltée au moins une semaine plus tôt, et les produits conservèrent pendant toute la saison une différence marquée.

J'ai essayé le reste du guano de différentes manières, qui toutes ont réussi. Mais je ne donnerai pas les résultats obtenus, parce que je compte faire l'année prochaine des essais sur une plus grande échelle, et j'ai la conviction que j'obtiendrai des bénéfices proportionnels.

Je suis, Messieurs, votre très-humble serviteur,

G. OSBORN.

A MM. Gibbs, Brigt et comp.

Expériences faites par M. Campell.

Les expériences suivantes ont été faites pendant l'année
1843, au Jardin Botanique de Manchester, par M. Al. Campell.

EXPÉRIENCES FAITES EN AVRIL.	TAUX PAR HECTARE.	
	PRODUIT en herbe.	POIDS de guano.
1º Le produit d'une surface de 1 mètre, sur laquelle on avait mis 34 grammes de guano, a été de 1 kil. 64..............	16,400 k.	340 k.
2º 51 grammes de guano mêlé à des cendres, répandus sur 1 mètre carré, ont donné un produit de 1 kil. 71	17,100	510
3º 68 grammes de guano mêlé à des cendres, répandus sur 1 mètre carré, ont donné un produit de 2 kil	20,000	680
4º 88 grammes de guano mêlé à des cendres, répandus sur 1 mètre carré, ont produit 2 kil. 30..............	23,000	880
5º 102 grammes de guano mêlé à des cendres, répandus sur 1 mètre carré, ont produit 2 kil. 56..............	25,600	1,020
6º 120 grammes de guano mêlé à des cendres, répandus sur 1 mètre carré, ont donné un produit de 2 kil. 66...........	26,600	1,200
7º 136 grammes de guano mêlé à des cendres et répandus sur 1 mètre carré, ont donné un produit de 2 kil. 53..........	25,300	1,360

Ces expériences ont de l'intérêt en ce qu'elles font ressortir
une décroissance dans la production de l'herbe, quand on met
plus de 1,200 kilogrammes de guano par hectare.

*Expériences faites sur une récolte de foin par M. Osborn
à Brunswick Lodge, Henbury.*

GUANO par HECTARE.	HERBE par ARE.	HERBE par HECTARE.	FOIN par HECTARE.	Accroissement DE RÉCOLTE dû au guano.
253 kil.	170 k.	17,000 k.	5,980 k.	2,273 kil.
507	280	28,000	8,845	5,138
Néant.	118	11,800	3,707	»

*Expériences sur l'application du guano et autres engrais
faites par M. Bearne, dans le parc du duc de Devonshire
à Stover, près de Newton Abbot, comté de Devon.*

N° 1. — Compte-rendu d'une expérience faite sur l'efficacité compa-
rative de cinq espèces différentes d'engrais artificiels, mêlés à de
la *vase d'étang.*

L'expérience a été faite en 1847, 1848 et 1849; elle a porté
sur un acre de prairie de qualité très-uniforme ; le sol argilo-
sablonneux avait 6 pouces de profondeur, et reposait sur une
couche d'argile blanche. En 1844, le champ avait été complètement drainé, et avant ce drainage la rente n'excédait pas
22 fr. par hectare. On ne mit aucun engrais en 1848, ni en
1849. Le but qu'on se proposait, en étendant l'expérience à
une période de trois années, était de constater la durée des
effets de ces différents engrais.

Tableau N° 1.

N° D'ORDRE.	ENGRAIS appliqué en 1847.	POIDS du FOIN en 1847.		POIDS du FOIN en 1848.		POIDS du FOIN en 1849.		FOIN COUPÉ par acre en 1847.		FOIN COUPÉ par acre en 1848.		FOIN COUPÉ par acre en 1849.		VALEUR DES ENGRAIS employés.	
1	4 mètres cubes 60 de vase mêlée à 304 kilogrammes de sel ...	141	50	147	15	275	85	709	50	724	20	1,362	00	17 f.	50
2	4 m. c. 60 de vase mêlée à 357 litres de chaux.	158	80	151	65	241	10	799	50	760	70	1,238	60	16	25
3	4 m. c. 60 de vase mêlée à 99 litres de poussière d'os..........	231	70	190	00	303	20	1,142	70	952	20	1,590	00	17	80
4	4 m. c. 60 de vase mêlée à 2 m. c. 30 de débris de tannerie........	237	60	160	50	253	00	1,180	50	537	20	1,523	40	17	50
5	4 m. c. 60 de vase mêlée à 41 kilogr. de guano du Pérou..........	421	60	249	30	328	70	2,095	60	1,218	60	1,637	78	17	50

N° 2. — Compte-rendu d'une expérience faite avec les engrais ci-dessous indiqués, sur un acre de prairie dans le parc de Stover en 1849.

Les engrais mélangés avec une petite quantité de terre fine furent répandus à la main le 29 mars, et pendant le temps pluvieux qui persista à cette époque. Le champ était d'une qualité un peu au-dessus de la moyenne ; c'était autrefois une terre labourée, qui depuis plusieurs années avait été ramenée à l'état de prairie. La récolte fut fauchée le 22 juin, et le fourrage produit avec les différents engrais était d'une qualité supérieure.

10

Tableau N° 2.

N° D'ORDRE.	NATURE DES ENGRAIS.	POIDS DE L'ENGRAIS.	POIDS DE L'ENGRAIS par acre.	POIDS DU FOIN.	POIDS du FOIN par acre.	VALEUR DES ENGRAIS employés.	Val' des engrais employés par acre.
1	Sans engrais..........	»	»	181 80	723 60	»	»
2	Superphosph^te de chaux.	114 25	457 02	279 30	1,116 30	22 f. 55	90 f. 00
3	Nitrate de soude.......	50 80	203 12	321 10	1,269 00	22 55	90 00
4	Guano du Pérou.......	86 20	304 66	548 61	2,151 00	22 55	90 00

Extrait d'une lettre de M. Paine de Farnham.

(Insérée dans le *Gardeners'Chronicle.*)

.... Je répète que la forme sous laquelle a lieu l'application de l'ammoniaque aux récoltes de céréales est sans importance ; employez donc celle qui vous donne le plus d'ammoniaque avec le moins d'argent. Pour le moment, le guano du Pérou (je n'entends pas parler de débris falsifiés) qui contient de 17 à 18 p. 0/0 d'ammoniaque, est le moyen le moins coûteux d'obtenir cette substance. L'année dernière, après une récolte de turneps qui furent arrachés, j'employai par hectare 380 kilogrammes de guano du Pérou, mêlé à un poids égal de marne phosphorique, et la récolte, ainsi que je l'ai déjà dit, fut de 58 hectolitres d'orge. En 1848, et après une récolte de turneps de Suède, mangés sur place par des moutons, je répandis en couverture sur un champ d'orge, et alors que l'orge avait 15 centimètres de hauteur, 95 kilogr. de sulfate d'ammoniaque, mêlé à 250 kilogr. de marne phosphorique ; je fis laisser de

côté certaines parties du champ, et il a été constaté que sur les
parties fumées comme je viens de le dire, l'augmentation a été
de 14 hectolitres 50 par hectare. L'année dernière, ma récolte
moyenne d'avoine fut de 87 hectolitres par hectare. Nous avons
presque achevé d'enlever celle de cette année, et nous espérons
obtenir 100 hectolitres en moyenne. Cette récolte succède à
des turneps ordinaires et à des turneps de Suède, dont la moitié
environ furent récoltés. En semant l'avoine, je fis répandre
500 kilogr. de guano et de suie, mêlés à un certain poids de
marne phosphorique. La terre est naturellement pauvre et formée
d'une argile graveleuse, reposant sur un banc de craie. Un de
mes voisins, après avoir mis en billons un sol de même nature,
y appliqua 760 kilogr. de guano du Pérou par hectare. Sa
récolte est sensiblement égale à la mienne, tandis qu'un autre
de mes voisins, dans un champ contigu au mien et cultivé à
l'ancienne méthode, n'obtiendra pas beaucoup au dessus du
cinquième de l'une ou l'autre de nos récoltes. Je devrais peut-
être ajouter que nous n'avons pas eu de mauvaises herbes. Si
j'avais récolté tous mes turneps, j'aurais doublé mes engrais
artificiels pour mes avoines.

En appliquant les engrais ammoniacaux à la culture du blé,
j'ai soin d'employer toute la fumure en automne, si mon terrain
est fort, argileux ou marneux ; s'il s'agit d'un terrain graveleux
ou crayeux, j'en emploie la moitié à l'époque des semailles,
et le reste au commencement de mars. Enfin, quand nous avons
des parties où le blé paraît faible ou étiolé, nous le réparons
par une fumure de guano au printemps.

Observations sur l'application du guano aux prairies par le professeur Anderson, de Glascow.

La supériorité du guano est spécialement démontrée par les expériences de M. Porter et de M. Laren. Le premier a obtenu une augmentation d'un cinquième sur l'emploi du nitrate de soude, et l'augmentation obtenue par le second a presque atteint le sixième. Les expériences de M. Laren ont, en outre, l'avantage de montrer la plus grande continuité et la plus grande durée de l'action exercée par le guano, action beaucoup plus sensible sur la seconde récolte de foin que sur la première. La conclusion à laquelle on est conduit est ainsi en parfaite concordance avec la théorie, car il ne faut pas perdre de vue que les engrais employés furent dosés de manière à fournir la même quantité d'azote, sans qu'on ait tenu compte de leurs autres éléments. L'effet que produisent les engrais dépend donc de l'azote seul, et il semble que la forme sous laquelle l'azote se présente soit à l'état d'acide nitrique, soit à l'état d'ammoniaque, est tout à fait indifférente. Mais le guano du Pérou produit une plus grande action fertilisante, parce qu'en dehors de l'azote, il apporte au sol plus de phosphate et de sels alcalins. C'est ainsi que se justifie le titre d'*engrais parfait* que lui attribue M. Laren.

CHAPITRE VI.

—

———

Par suite des variations qui se produisent dans la composition des engrais et des falsifications constantes que leur font subir les négociants sans principe, il est extrêmement important pour les cultivateurs qu'ils puissent facilement établir d'une manière approximative la valeur d'un engrais quelconque lorsqu'il a été soumis à l'analyse. Nous donnons une méthode d'évaluation dont l'usage les mettra au moins à l'abri de ces fraudes grossières auxquelles ils sont maintenant sujets.

Les substances que l'analyse aussi bien que la pratique ont démontré être les plus profitables comme principes fertilisants, sont les phosphates et l'azote, sous quelque forme que se présente ce dernier.

Quelques expériences isolées ont établi que la potasse est de quelque valeur pour une ou deux récoltes ; mais comme cette substance peut facilement être obtenue dans un état assez convenable de pureté, sous la forme de sulfate ou de muriate de potasse, et comme elle ne se rencontre que très-rarement dans les engrais composés, nous ne lui attribuerons aucune valeur agricole autre que celle comprise sous le nom de sels alcalins.

La silice dans toutes les combinaisons où elle entre n'a pas jusqu'ici de valeur agricole quelconque, et le carbonate de chaux (craie) dans bien des cas est pernicieux aux engrais, quoique utile sur une large échelle quand on l'emploie par tonnes à la fois sur des terrains dépourvus de calcaire.

Par une comparaison attentive de l'analyse de divers engrais et de la valeur des substances qu'ils contenaient, nous avons été conduit à adopter les prix suivants comme donnant la valeur la plus approximative de diverses matières fertilisantes :

		Multiplicateurs de la valeur.
Azote	1,850 fr. les	1,000 Kilos.
Ammoniaque.	1,500	id.
Phosphate de chaux	200	id.
Phosphate de chaux rendu soluble.	600	id.
Matières organiques	25	id.
Sulfate de chaux (gypse)	25	id.
Sels alcalins	25	id.
Silice.	Sans valeur.	
Carbonate de chaux	Sans valeur.	

J'ai adopté depuis plusieurs années le mode suivant de calcul ; il est excessivement simple, car il ne nécessite que l'analyse de l'échantillon pour arriver à sa valeur au moyen de quelques règles d'arithmétique.

Règle pour calculer la valeur des engrais.

Admettez que l'analyse représente la composition de 100 tonnes. Multipliez les quantités respectives de chaque élément par le prix de la tonne donné dans le tableau précédent, ajoutez les différents produits entr'eux, la somme représentera la valeur de 100 tonnes. Divisez cette somme par 100, et le quotient sera le prix d'une tonne.

Les décimales dans les analyses ci-dessous peuvent être

négligées jusqu'à 0 5, au-dessus de cette fraction elles peuvent être comptées comme unités.

Exemples.

N° 1. — *Evaluation d'un échantillon moyen de guano Péruvien.*

			Valeur par tonne.	Totaux.
Eau	15	10	» fr.	» f.
Matières organiques . . .	51	27	25	1,275
Silice	2	20	»	»
Phosphate de chaux . . .	22	13	200	4,400
Acide phosphorique . . .	3	23	»	»
Equivalent à phosphate de chaux rendu soluble 7,0.	»	»	600	4,200
Sels alcalins	6	07	25	150
	100	00		
Azote	13	54 p. 0/0		
Equivalent d'ammoniaque.	16	42	1,500	24,000
Valeur de 100 tonnes. . . .				34,025
Valeur d'une tonne.				340

N° 2. — *Evaluation d'un échantillon de guano Bolivien.*

Eau	13	85	» fr.	» f.
Matières organiques . . .	21	68	25	550
Silice	2	70	»	»
Phosphate de chaux . . .	44	35	200	8,800
Acide phosphorique . . .	3	30	»	»
A reporter. . .	85	88		9,350

	Valeur par tonne.	Totaux.

Report	85 88		9,350 f,
Phosphate neutre rendu			
soluble 7,15.	» »	600	4,200
Sels alcalins.	14 12	25	350
	100 00		
Ammoniaque	4 02	1,500	6,000
Les 100 tonnes			19,900
Une tonne.			199

N° 3. — *Evaluation d'un bon échantillon de superphosphate de chaux.*

Humidité.	19 82	»	»
Matières organiques. . .	20 72	25	525
Silice	2 80	»	»
Phosphate soluble. . . .	10 25	»	»
Phosphate neutre rendu			
soluble 16,00. . . .	» »	600	9,600
Phosphate insoluble. . .	16 60	200	3,400
Sulfate de chaux hydraté.	29 81	25	750
	100 00		
Ammoniaque	2 00	1,500	3,000
Valeur de 100 tonnes. . . .			17,275
Une tonne			172 75

Nº 4. — *Evaluation d'un mauvais échantillon de superphosphate de chaux.*

		Valeur par tonne.	Totaux.
Humidité.	17 90	»	» fr.
Matières organiques. . . .	14 00	25	350
Silice	29 10	»	»
Oxide de fer, etc. . . .	8 62	»	»
Phosphate soluble. . . .	3 24	»	»
Phosphate neutre rendu soluble 5,05.	» »	600	3,000
Phosphate insoluble . . .	3 85	200	800
Sulfate de chaux hydraté.	23 29	25	575
	100 00		
Ammoniaque	0 50	1,500	750
100 tonnes valent. . . .			5,475
Une tonne.			54 75

Nº 5. — *Evaluation d'un échantillon de guano falsifié* (1).

		Valeur par tonne.	Totaux.
Humidité	5 40	»	»
Matières organiques, etc.	20 55	25	525
Sable	49 30	»	»
Oxide de fer et alumine .	5 46	»	»
Phosphate de chaux . . .	16 25	200	3,200
Carbonate de chaux . . .	3 04	»	»
	100 00		
A reporter. . . .			3,725

(1) Souvent vendu comme du guano du Pérou à 25 francs ou à peu près en dessous du cours, aux cultivateurs à la recherche d'un marché.

	Valeur par tonne.		Totaux.
	Report		3,725 fr.
Azote	4 65	»	»
Ammoniaque	5 64	1,500	9,000
100 tonnes.			12,725
Une tonne			127 25

N° 6. — *Evaluation d'une substance dernièrement introduite dans le commerce sous le nom de « Guano Mexicain ».*

	Valeur par tonne.		Totaux.
Humidité	3 24	»	»
Matières organiques. . .	13 56	25	350
Silice	0 60	»	»
Phosphate de chaux . . .	25 60	200	5,200
Carbouate de chaux. . .	46 14	»	»
Sulfate de chaux	10 86	25	275
	100 00		
Azote	0 21	»	»
Equivalent d'ammoniaque.	0 26	1,500	390
Valeur de 100 tonnes. . .			6,215 (1)
Une tonne			62 15

Les exemples qui précèdent montrent combien la règle indiquée permet d'apprécier d'une manière approximative la valeur actuelle des divers échantillons. Il est toutefois nécessaire de se souvenir que des circonstances ultérieures peuvent surgir

(1) Cette valeur est en pratique diminuée par la grande quantité de carbonate de chaux que contient l'échantillon. Cette substance a été achetée par des cultivateurs comme guano, à raison de 200 à 225 francs par tonne.

et rendre nécessaires quelques modifications dans la valeur actuelle des multiplicateurs. Aujourd'hui ils sont suffisamment exacts pour pouvoir servir de guide aux praticiens.

De la nitrière.

Lettre à feu M. Pusey.

(Journal de la Société royale d'Agriculture.)

Cher Monsieur,

Conformément à votre demande je vous adresse quelques observations sur la formation des nitrates.

Depuis quelques années je m'efforce dans mes conférences de diriger l'attention des cultivateurs vers la production artificielle de l'azote, surpris que j'étais en quelque sorte que cet important sujet avait été jusqu'alors généralement négligé.

Je me bornerai pour le moment à une exposition succincte des conditions dans lesquelles les nitrates sont formés. Partout où les matières animales ou végétales, gazeuses, liquides ou solides, contenant de l'azote, sont mises en contact avec des terres calcaires ou alcalines, le mélange étant humide et assez poreux pour que l'air puisse le pénétrer, après quelque temps, et dans certaines conditions de température, l'atmosphère agit sur l'azote, celui-ci s'oxide et se transforme en acide nitrique qui s'unit aux bases calcaires ou alcalines existant dans le mélange.

La température la plus convenable est de 14 à 20 degrés centigrades et l'action cesse à 0°, point de la glace fondante.

Les exemples de l'oxidation des corps gazeux azotés sont très-communs. Le plâtras de presque tous les vieux bâtiments, dans toutes les situations, contient une plus ou moins grande quantité de nitrates de chaux dont l'acide nitrique est produit par l'oxidation de l'ammoniaque soutiré de l'atmosphère par le platras. — Un autre exemple est fourni par les expériences d'un savant français qui suspendit un morceau de craie humide et bien lavée au dessus d'un bassin contenant du sang en putréfaction, et qui après un certain laps de temps y découvrit aisément l'acide nitrique.

L'oxidation des composés liquides azotés est aussi un fait ordinaire. L'urine des animaux quelconques, mêlée avec des matières calcaires ou terreuses, fournit rapidement des nitrates par l'oxidation, et même les dépôts urinaires des animaux sur les pâturages en été donnent lieu à la formation de nitrates. Les murs des étables et des écuries à vaches, qui, par la capillarité, sont constamment rendus humides par les urines, donnent souvent à leur surface des efflorescences de nitrates.

La conversion en acide nitrique des matières solides végétales ou animales, se produit constamment quand les corps sont en contact avec des matières calcaires ou terreuses. Même en l'absence de ces matières calcaires, l'acide nitrique se produit dans les amas de fumier formés simplement de matières végétales et animales en décomposition; car une partie de l'ammoniaque formé par la décomposition ordinaire agit comme une base alcaline sur une autre partie qui, par l'oxidation, se convertit en acide nitrique. Les nitrates d'ammoniaque doivent toujours se trouver dans les tas de fumier. Les nitrates sont aussi présents dans les puits peu profonds adjacents aux cimetières et dans ceux qui tirent leurs eaux de couches dans lesquelles se déchargent les fosses d'aisance.

Les champs bien drainés et bien fumés offrent les conditions les meilleures pour la formation des nitrates, particulièrement quand ils contiennent des matières calcaires. Un des meilleurs effets de la chaux est de fournir les matières alcalines aux terrains où elles font défaut.

Dans notre laboratoire nous avons examiné un grand nombre de sols, et dans presque tous les cas nous avons découvert la présence des nitrates.

Une connaissance convenable de la manière de former les nitrières serait, selon moi, d'une considérable importance pour les cultivateurs; car, par l'application de ces conditions, le cultivateur serait à même, non seulement de conserver l'ammoniaque de ses engrais quand il en possède plus qu'il n'en peut employer à la fois, mais encore de conserver dans un état d'humidité convenable le tas de fumier, de l'arroser avec les urines, et au lieu de laisser évaporer graduellement les parties aqueuses, si coûteuses à transporter, les parties précieuses du liquide seraient retenues dans le compost.

La manière de faire les nitrières a été brièvement décrite dans ma conférence à laquelle vous faites allusion. Elle est excessivement simple. Une couche de matières calcaires forme la base du tas, et des couches de fumier de cheval, d'excréments de vache, de *chair morte* et autres matières de ce genre, s'alternant avec des couches de marne, de platras ou de chaux éteinte, constituera la nitrière. Le mélange doit être entretenu constamment humide avec de l'urine ou de l'urine et de l'eau; mais une trop grande quantité d'eau, comme celle fournie par la pluie, serait nuisible; le tas doit donc être tenu à couvert. Le compost doit être aussi peu tassé que possible, afin que l'air puisse aisément le pénétrer dans toutes ses parties. Le tas doit former un seul corps et doit être légèrement retourné une fois tous les deux ou trois mois. Au bout de six à neuf mois il serait prêt à être employé par le cultivateur. La chaux vive ne doit pas être employée dans les nitrières, car elle possède à un haut degré la puissance de dégager tout l'ammoniaque des engrais.

Il doit être compris qu'en faisant des mélanges destinés à produire artificiellement des nitrates, on a un moyen d'empêcher la perte de l'ammoniaque qui se produit dans les cas ordinaires, et que dans les circonstances habituelles, les engrais contenant soit des nitrates, soit de l'ammoniaque, sans une quantité importante d'autres substances, ont une valeur exactement proportionnelle à la quantité d'azote qu'ils contiennent. Il est nécessaire de dire que, dans les sols et dans les tas de fumier, l'acide nitrique produit par l'oxidation de l'ammoniaque se convertit de nouveau en ammoniaque quand la putréfaction se produit, et que l'accès de l'air n'a plus lieu.

En résumé, je dois dire que j'ai analysé une partie d'une grande nitrière d'environ 40 tonnes, qui était (depuis dix mois) faite sur une propriété dépendante du collége de Kennington. Quoique le tas ait été exposé à toute la pluie de la saison, je constatai que 463 grammes du compost contenaient 1,56 d'acide nitrique équivalent à 2,20 de salpêtre. Ce sont là des quantités bien inférieures à celles que nous aurions eu à constater si le tas eût été tenu à couvert.

Je suis, cher Monsieur, votre tout dévoué

J.-C. Nesbit.

Collége chimique et agricole de Kennington,
le 13 décembre 1853.

FIN.

TABLE.

—

—•o》o《o•—